多 *See you* 谢 *at* 款 *the table* 待

日本宴席料理及餐桌美学名师的
15 桌派对家宴

［日］佐藤纪子◎著　葛婷婷◎译

河南科学技术出版社
·郑州·

“款待本身是件愉快的事。它带来的是和喜欢的人一起吃喝、聊天、放松的美好时光。”

这是我从开办宴席料理及餐桌美学教室之初，就一直想要对大家传达的观念。想办一场很棒的待客餐会，美味的料理和酒、绝佳的餐桌搭配及料理造型设计、能营造好气氛的音乐和照明，这些的确都是必要的。但我觉得更重要的是，包含主人在内的所有参与者都能轻松愉快地享受这件事。

2009年之前的3年间我一直在美国生活，体验了美国人可形容为夸张的待客热情，内心真是受到很大触动。

“因为你要来，所以今天准备了好吃的料理！”

“因为你要来，所以我装饰了很多花！”

一边和蔼微笑，一边把欢迎客人的心情在当下直接表达出来。

“谢谢！我也感受到了你的心意并且十分享受呢。”客人心里也会这么想吧。

为了让客人十分轻松地、美美地享受款待，这本书介绍了一些实用的餐桌搭配及料理造型设计的方法，只要稍微掌握一点诀窍就能达到更高的水准。如果觉得努力准备料理很累，有时也可以使用市面上售卖的熟食，或者更多地采用方便的市售调味料，节省时间也是很重要的事情。“让客人和主人一起轻松愉快地享受不拘泥的款待方式”，如果大家看了我的书能够实践这一点，我就真的从心底感到开心了。

佐藤纪子

目录

PART 2 服务式风格的款待形式

餐桌搭配开始之前

在家里尽可按照自己的喜好自由发挥创意，充分享受餐桌搭配的乐趣。但为了确保客人心情愉快地就餐，还是有必要了解一些基本要点。现在就来介绍一些款待客人前需要了解的搭配知识和餐桌礼仪。

确定基本配色、把握恰当比例来营造好印象

只要抓住重点，餐桌搭配就不是难事

餐桌搭配中，只要掌握了配色和布局的几个小窍门，就能让效果一下变得绝妙。另外，也会介绍桌布的选择方法和餐具的摆放方式，建议大家一定要记住几个基本要点。餐桌礼仪可视主人与客人的关系调整，并非一定要严格遵守，但是根据基本礼仪来做，就能避免不知不觉中做出不妥的事情。只需确保必须做到的要点，然后就可以根据个人喜好自由地发挥创意了。

主色六成，辅助色三成，对比色一成

图中的搭配，蓝色是主色，白色是辅助色，而红色是对比色。清爽感觉的三色条纹餐巾呼应了主色、辅助色和对比色，沙拉的绿色起到了很好的点缀效果，让餐桌变得越发生动。掌握基本的配色规则，比如主色九成、对比色一成，或主色六成、辅助色四成，运用好色彩比例即可轻松变成搭配高手。

在桌子的中央和两侧营造立体层次感

图中是服务式风格的款待形式的搭配案例，桌子的中央摆放鲜花，而两侧放置高个的烛台。这样的布置令餐桌的立体层次感凸显出来，不仅可以使餐桌变得漂亮，而且可以在客人坐下时引导他们的目光向上，从而能很自然地开始热烈交谈。自助式风格的款待形式也一样可以组合搭配一些高个的餐具，利用高低差营造餐桌的层次感。

了解基本餐桌礼仪，
并很好地加以应用

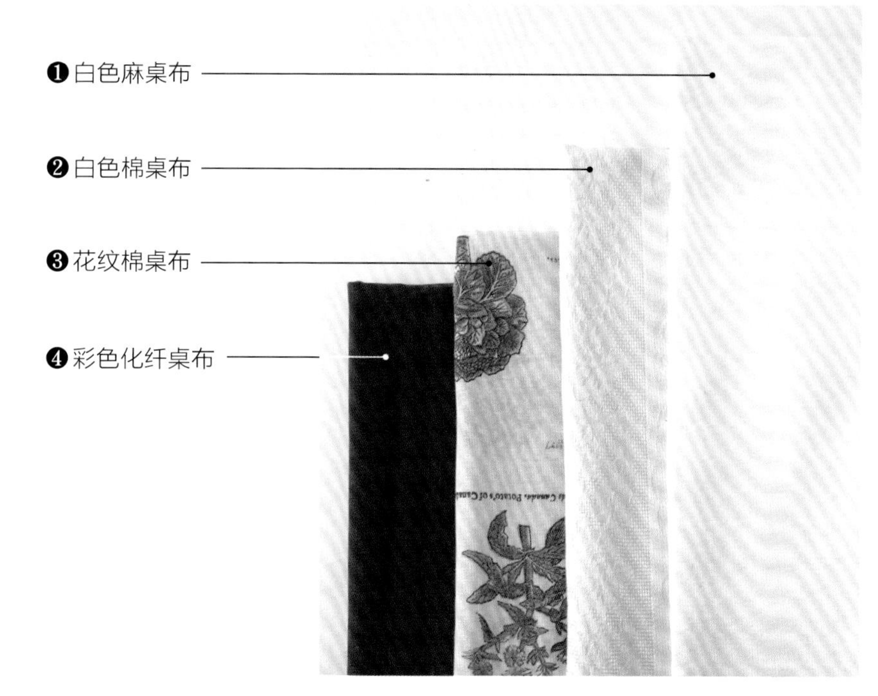

桌布也是有等级的

桌布可以根据材质、色彩花纹等划分等级。若以从高到低的等级排列，则材质为麻、棉、化纤，色彩花纹为白色、彩色、花纹。评定等级时应优先考虑材质。最适合在正式场合使用的是白色的麻桌布或棉桌布。化纤、彩色和花纹桌布，更适合普通场合使用。图片中的 4 块桌布，等级从高到低排列就是❶、❷、❸、❹。在自家举行正式的款待宴会的机会可能不多，但是多了解一些总是好的。

餐具的摆放也有基本规则

个人餐具的摆放，也有一些基本的规则。这些规则不仅保证客人容易拿取、使用，而且会使整体布局看起来更漂亮，所以请一定要实践一下。叉子与刀摆放在盘子两侧，分别离餐桌边缘 3 指宽和 2 指宽的距离，盘子和刀、叉子之间则分别空出 1~2 指宽的距离。另外，如果在桌子中央直铺桌旗 *，要注意尽量不在桌旗上摆放个人的餐具。

* 与桌子长边平行铺放一张桌旗的形式，常称为直铺桌旗。也有与桌子短边平行铺放两条或多条桌旗的形式，常称为横铺桌旗（见 P13）。

让烹饪技艺和款待之道更上一层楼

不论是烹饪技艺还是让客人愉悦的款待之道，只要稍微下点功夫、不断练习就能更上一层楼。这里介绍经过作者亲自实践的让你更上一层楼的小窍门。

1 调味料应选用自己惯用的品种

想要快速提高料理水平，最方便有效的就是使用调味料。除了盐、酱油等基本调味料，以及鱼露等异国调味料外，最近像白出汁这种预先调好的市售调味料，也增加了不少好味的新品种。各个厂商推出了各种各样的品牌，但是建议大家先固定试用一种产品。用习惯了才会更容易控制味道的咸淡程度，自然就能快速提高料理水平。

想尝试新产品的心情当然可以理解，但首先试着和一种调味料好好磨合吧，那之后再尝试新产品也不迟啊。

不同的料理可以搭配不同的调味料

例如，如果橄榄油的使用频率高，可以同时准备几个比较有特色的品种。图右一的“LAUDEMIO”以豪华的果实芬芳给人留下印象，与帆立贝(Japanese scallop)或乌贼刺身搭配非常合适；右二的“ARDOINO”味道醇厚，所以特别推荐秋冬时节用在一些暖暖的料理中。另外，左二的“Colman's”黄芥末粉辛辣味很强烈，尝过一次就会上瘾；左一的泰国调味汁撒上一点就能成就泰式风味。这些都是预先备好就会方便很多的调味料。

灵活运用白出汁，轻松做出好吃料理

白出汁（白だし）是指在白酱油或淡口酱油中加入盐和各种出汁（だし）组合成的调味料。本书中不仅日式料理，其他种类的料理中也会用到白出汁。决定不了味道走向的时候，只加入少许的一点就能成就完美的风味，所以有一瓶就会非常方便。图中是七福酿造的“四季之惠”白出汁。在市售的即食出汁中，白出汁没有常见的苦涩味道，以清爽的好口感为主要特征。

2 确定款待的主题

如果要邀请的客人以及客人将围坐的餐桌都已经确定了，那就绕桌一圈试着想象聚餐时的情景吧。

比如是与关系非常要好的同龄女友聚餐，那多半会融洽地在一起一直聊天。那么把聚餐定位为女性喜欢的现代居酒屋风的主题，就是一个不错的点子。把很受女性喜爱的意大利风味料理和亚洲风味料理搭配在一起，并选择适合配酒的食单，摆盘的重点是控制每份食物为一口即可吃下的分量。同时使用大量新鲜蔬菜，并应用健康的加工方式，就一定会得到大家的喜爱。

像这样确定好主题，不仅决定食单会很轻松且令人兴奋，准备工作也能很愉快地进行。

欢迎饮料选择桃红葡萄酒(Vin rosé)，比较适合女性风格及居酒屋风格的搭配，会让女性客人感到很享受吧（见P36~41）。

3 没有必要追求百分百完美

制作从前菜到甜点的全套西餐，搭配美味的酒，还要装饰漂亮的花……一提到款待，很多人会认为必须竭尽全力把所有的事情都做好。其实如果努力过头，不仅主人疲惫不堪，客人也未必会感觉很享受。

如果准备料理的时间并不是很充足，那就减少一两道菜品；又或者花的部分无法安排周到，那么只在小花瓶中简单地插入绿色植物也是不错的。如果招待的对象是可以推心置腹的朋友，利用家常菜稍做加工和摆盘，也可以很好地传达款待的心意。比起太过于努力而疲惫不堪，在和睦的气氛中迎接客人才是更重要的。好好利用减法，和大家一起度过愉快的时光吧。

＊百乐派对指一种聚餐方式，即主人准备场地和餐具，参加的客人则必须带一道菜或准备饮料。

在百乐派对＊（potluck party）这种场合，如果说考虑什么食物是可以轻松拿起就吃的，那么最适合的就是可以直接下手的小食了。摆上墨西哥玉米脆片，再放上莎莎酱（salsa sauce）用来蘸着吃，就完成了一道有意思的小食。（见 P66~71）

在熟食店能买到的家常菜，可以添加一些酱汁，或者用生火腿卷一下稍做加工后摆盘，就可成就华丽的餐桌。（见 P32~35）

4 确定前一天和当天的准备顺序，从容款待客人

料理制作部分最好提前制定时间表。这听起来好像很难，但其实并非如此。如果已确定好食单，就试着为各个准备事项做个时间表吧。

需要预先冷却的料理、需要做好就趁热上桌的料理、即使放置小段时间也不会改变状态的料理等，都要先分别确定并决定制作顺序。还不习惯时可能会觉得稍微有些麻烦，但是只要一次性制定好时间表，之后就可以毫不犹豫地开始准备工作了，而且在准备过程中你一定会感觉比以前从容有序多了，这就是制定时间表的好处！

准备得充分，才会生出从容不迫的心态，完全沉浸在与客人轻松交谈的快乐时光中吧。

以 P106~113 的料理为例子

薄切帆立贝配柿子酱汁可以很快做好，所以在客人来后再做即可。

牛蒡葱白慕斯果冻杯前一天做好并冷藏，上桌前用蔬菜装饰。

鸭肉白萝卜的萝卜在前一天准备好，看好时机重新热一下再装盘，鸭子要当天现烧。

戈贡佐拉奶酪南瓜烩饭当天做好，预先整理好形状，利用前一道菜上桌的时段用烤箱加热。

巨峰葡萄果冻与红酒葡萄干英式蛋奶酱前一天分别做好，在撤下戈贡佐拉奶酪南瓜烩饭之后再装入杯中端出。

本书的使用方法

要点和建议。

食单中的料理的准备顺序。

完整食单，列出包含的每道料理的名称，且以食用时或上菜时的常规次序从右到左排列。

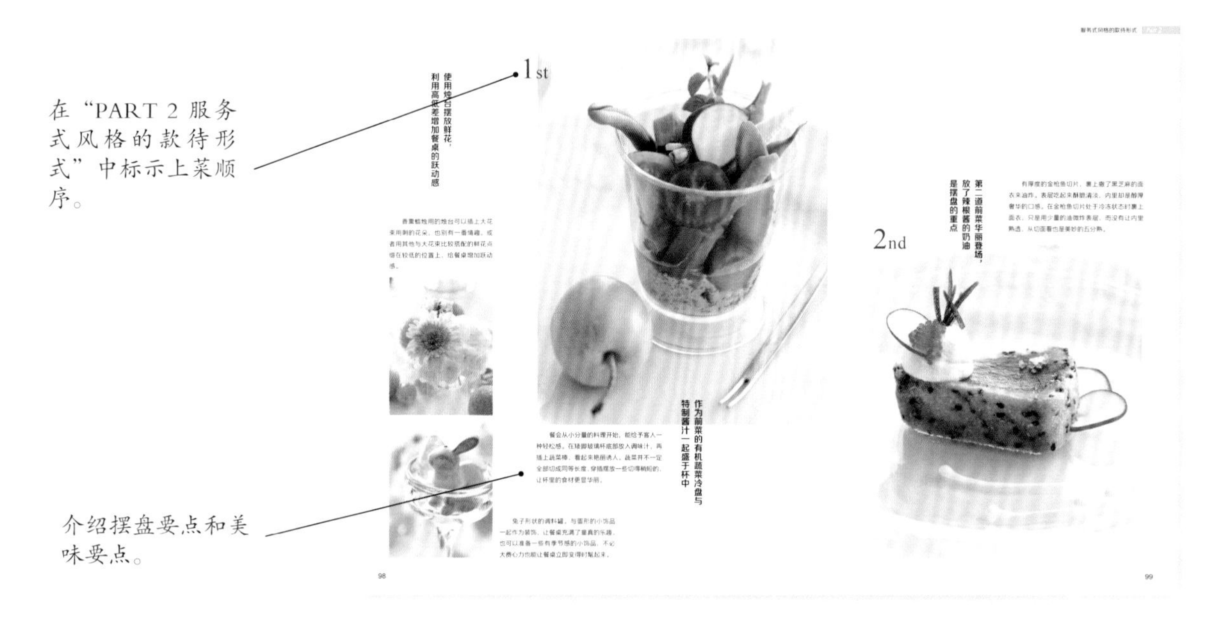

在“PART 2 服务式风格的款待形式”中标示上菜顺序。

介绍摆盘要点和美味要点。

使用本书前需了解的事项

· 1 小勺为 5mL，1 大勺为 15mL，1 杯为 200mL。

· 书中提到的酱油，没有特别标注时均指浓口酱油 *。

· 书中提到的出汁（だし），是最基础的日式高汤，多用鲣鱼干片和海带熬煮而得。

· 微波炉加热的时间以功率 600W 的微波炉为基准。

· 火候大小、料理时间只供参考。使用的工具、餐具不同，做法也会相应略有不同，所以请根据实际状况适当调整。

· 对于需给出注释的食材及料理名称类术语，因配合食谱更易理解，故均于其在“食谱”部分第一次出现处给出注释（以 * 标记）；其他处则以“（详见 P35‘炸鸡串’）”的形式给出提示，意即在所指页码相关料理的 * 处可了解更多。

* 日式料理中常见的酱油有浓口酱油（酿造酱油）和淡口酱油。浓口酱油颜色较深，可用于大部分料理中。淡口酱油颜色较浅而味道较咸，可用于不希望颜色改变的料理中（如汤品）。

PART 1

自助式风格的款待形式

自助式风格餐桌的基本搭配

让客人能够自由拿取料理的自助式风格的款待形式，食单的构成是最关键的。冷食也很美味的料理阵容，搭配协调的美丽色彩，这些均要预先做足准备。而进餐开始后，就可以松口气和客人一起尽情享受美食了。

Point1

分开盛放更容易拿取

客人自己动手拿取的自助式风格的款待形式，盛料理的容器要选择方便单人拿取的样式。比如，西西里炖菜用小盅盛放，胡萝卜焖饭用圆形模具按一人份整理好形状分开摆放。

Point2

食单以美味的冷食为主

自助式风格的款待形式，客人入席时大部分料理都应已上桌。这种形式需要 1~2h 的享受美食的时间，容易改变性状的热食以及需要保持冰凉的食物都要尽量避免，挑选一些即使在常温状态下也很好吃的食物吧。

Point3

色彩也是需用心考虑的搭配要素

自助式风格的款待形式，摆放在餐桌上的料理的色彩及其搭配也是很关键的。比如当季蔬菜大盘沙拉以鲜艳的绿色为主，可选用具有其对比色红色的食材来衬托。从制定食单的阶段开始，就要对食材的色彩搭配加以考虑了。

Point4

侧边放置高个容器，让餐桌空间更有立体感

中间放置高个容器会影响拿取食物，但不能因此就全部选用矮个容器，不然餐桌就会显得毫无层次，也就算不上美丽的搭配了。高个容器可以放置在餐桌的侧边，以保持整体平衡。

自助式风格餐桌的布置

（以 P26~27 餐桌为例）

1 铺上桌布

椅子稍后挪铺上桌布。垂下部分的长度四边要一致。

2 铺上桌旗

两张桌旗位置对称地横跨桌子放好（横铺桌旗）。注意一定要摆在正对椅子的中间位置。

3 确定各个盘子的位置

椅子稍前挪靠近桌子，盘子放在桌旗上并使其居于椅子中线上。要确保面对面两位客人的盘子互相对齐不歪斜。

4 摆放餐盘等餐具

如果餐盘要重叠摆放，可在两盘之间衬上彩色的餐纸。摆放刀叉、勺子等餐具时应注意不要超过桌旗的宽度。

5 摆放盛料理的容器

要把盛料理的容器放在客人容易拿取的位置。同样形状的容器如果并排摆放，可以稍微错开些而制造出些许变化。

6 摆放玻璃杯

玻璃杯要放在客人餐盘右前方的位置，且不要超出桌旗的范围。

7 在空隙处放一些装饰物

观察餐桌的整体平衡感时，若有略冷清且好像少了点什么似的感觉，可以再搭配一些装饰物。比如可以放些贝壳，以配合桌旗的清爽色调。

要点和建议 Point & Advice

★ 准备各种煎烤食材，让客人可以毫无顾忌地享用。

★ 为了方便客人取用沙拉，以两人份一盘分别盛放在两个盘子中。

★ 煎烤时油可能会溅到餐桌上，所以桌布选择普通一些的即可。

用煎烤盘来个烤肉派对吧

在煎烤盘中放入各式食材，以自己的节奏来慢慢享用吧。

『想要马上就能吃到嘴里呢！』为了这样的客人，把做好的红薯芝麻饭盛入带盖子的小锅里，提前放在餐桌上。

准备顺序

前一天

制作煎烤用的蘸汁、醋腌鲭鱼蔬菜沙拉、椰子奶冻和白葡萄酒果冻。

当天

加工煎烤食材并摆盘。加入红薯的黑芝麻饭比较花时间，要计划好时间以确保客人来访时做好。

食单 Menu

- 煎烤食材　蘸汁两种　酢橘、盐
- 醋腌鲭鱼蔬菜沙拉
- 红薯芝麻饭
- 椰子奶冻和白葡萄酒果冻

在合适的位置摆放煎烤盘，让客人根据自己的节奏轻松煎烤

预先留出一个离各位客人都比较近的位置来摆放煎烤盘。这样不管是控制煎烤程度还是拿取食用，每位客人都能按照自己的节奏自由掌握。比较推荐的是牛肉配芝麻蘸汁和猪肉配咸味蘸汁的组合方式。

色彩丰富的煎烤食材用竹扦穿好摆盘。伸手即可轻松拿取，下一个要烤什么好呢，选择的乐趣油然而生。

为了方便客人取用沙拉，以两人份一碗分别盛放在两个方碗中

沙拉并不是全部都放在一个容器中，而是以两人份一盘的形式盛放，客人可随意取用。调味汁也分成四份，让客人可以按照自己的喜好享用。芥末作为提味料，用于调和醋腌鲭鱼和蔬菜的味道。

为了照顾想要先吃米饭的客人，一开始就端上带盖子的小锅

用法式双耳蒸锅作为米饭的容器。这样即使一开始就端上餐桌，一段时间后也不会变凉，客人根据个人喜好随时都可吃到温润的米饭。黑芝麻米饭里放入红薯一起煮，能带来丰富的口感和可口的甜味。

即使肚子很饱也能吸溜一下吃完的甜品，预先冷藏上菜时再端出

白葡萄酒果冻、椰子奶冻、芒果泥的分层漂亮得让人不忍下口。第一口享受到的是芒果酱的醇厚口感，接着下一口尝到的是白葡萄酒果冻的松软香味，这就是“大人味道”的甜点。

煎烤食材 蘸汁两种 酢橘、盐

材料（4人份）

烤肉用牛肉片…200g，猪五花薄片…200g，生火腿…4片，秋葵…4根，山药（切成和秋葵一样的大小）…4根，樱桃番茄…8个，煮鹌鹑蛋…4个，玉子烧（市售）…4块，球芽甘蓝（也叫抱子甘蓝）…6个，小洋葱…4个，西兰花…8小瓣，万愿寺辣椒*（红）…4根，酢橘**、盐…各适量

咸味蘸汁 大葱…1根，生姜…1/2片，大蒜…1/2瓣，盐…1~$1^1/_2$小勺，清酒…2大勺，芝麻粉…1大勺，醋…1~2大勺，蜂蜜……2小勺

芝麻蘸汁 白芝麻…45g，干虾仁…10只，水…150mL，中式高汤浓缩颗粒…1小勺，芝麻酱（白）、麦味噌***、醋、蛋黄酱…各1大勺，砂糖、酱油、白出汁…各2小勺

做法

❶ 制作咸味蘸汁。大葱除去绿色的部分后切碎。生姜也切碎。大蒜磨成泥。

❷ 把❶的材料放入大碗中，加入盐混合均匀，放置2~3min。然后把余下的材料全部加入碗中，轻轻拌匀后用保鲜膜包好，放入冰箱冷藏室静置1h以上使入味。

❸ 制作芝麻蘸汁。干虾仁浸泡在150mL水里1h左右，然后一起倒入锅里中火加热，倒入中式高汤浓缩颗粒，煮至汤汁只剩下约100mL的量。

❹ 白芝麻炒至散发出香味，用食物料理机打成细末，加入❸的材料后再继续搅拌成糊状。最后把剩余的材料全部加入，轻轻混合均匀。

❺ 准备食材。牛肉片用竹扦穿好。秋葵撒上少许的盐（分量外），在砧板上滚动按压并去蒂，和山药一起用生火腿卷起后用竹扦穿好。樱桃番茄去蒂，其中的4个用猪五花薄片卷起，和没有被卷的一起用竹扦穿好。鹌鹑蛋和玉子烧一起穿好。把这些串子分别摆放在不同的容器中。

❻ 球芽甘蓝对切两半。小洋葱去皮对切两半。万愿寺辣椒纵向切成两半。球芽甘蓝、小洋葱用竹扦穿好，西兰花和万愿寺辣椒一起盛入容器中。在煎烤盘上薄薄地刷上一层色拉油（分量外）后开火，待煎烤盘热后就可以开始烤食材了，根据个人喜好蘸取两种蘸汁或者酢橘（挤汁）、盐好好享用吧。

* 万愿寺辣椒是日本京都十分有名的蔬菜，口感脆甜而不辣。若无，可用其他不辣的辣椒代替。

** 酢橘（*Citrus sudachi*）是香橙（*Citrus junos*）的近缘种，个头较小。若无，可用青柠代替。

*** 根据制作时选用曲的不同，味噌可分为米味噌、麦味噌、豆味噌等。而中国市售的味噌多按颜色分为赤味噌、白味噌、淡色味噌等。若买不到麦味噌，可选用甜味的白味噌或淡色味噌。

Point

牛肉像用针缝补一样用竹扦穿好。

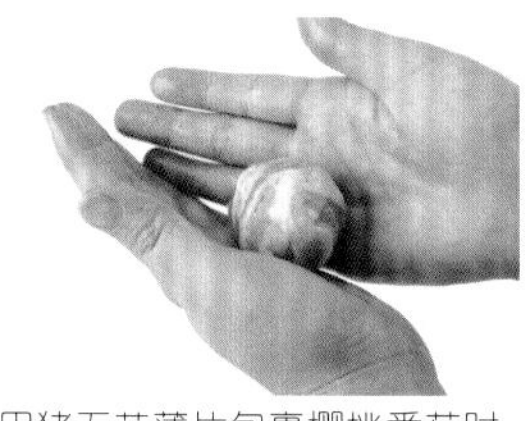

用猪五花薄片包裹樱桃番茄时，最后在手心来回滚动整形。

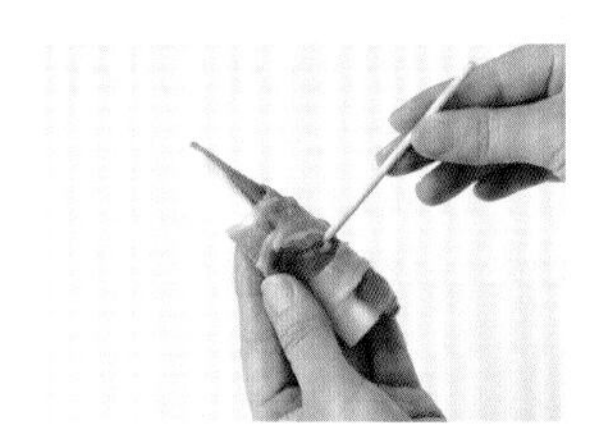

用生火腿卷起的秋葵和山药，要确保两种食材都用竹扦穿牢固。

红薯芝麻饭

材料（容易做的分量）

糙米…450g，红薯（大）…1/2根（可按喜好增加用量），黑芝麻…3~4大勺，出汁…约4杯，酱油、味淋…各2大勺，盐…少许，装饰用蒸红薯、三叶芹…各适量

做法

❶ 糙米清洗干净，泡约3h。红薯切成一口的大小。

❷ 黑芝麻用平底锅慢慢炒至散发出香味，然后用研磨钵磨成略粗的粉。

❸ 电饭锅中放入沥干水的糙米、味淋、酱油、盐，倒入电饭锅对应450g米的刻度的出汁，红薯、黑芝麻也放入一起蒸。

❹ 盛入法式双耳蒸锅里，摆上装饰用蒸红薯和三叶芹。

醋腌鲭鱼蔬菜沙拉

材料（4人份）
醋腌鲭鱼…1片，水菜*…1袋，山葵菜**…1/2袋，青紫苏嫩芽…少量
调味汁 酸奶（无糖）…4大勺，醋…1小勺，白出汁…1小勺，山葵（磨成泥）…1/2小勺，芝麻油…1大勺

做法
❶ 醋腌鲭鱼切成1cm宽的条。
❷ 水菜、山葵菜切成容易入口的长度，浸入冰水中以使其有爽脆的口感，然后沥干。
❸ 调味汁的所有材料在碗中搅拌均匀。❷的蔬菜和❶的醋腌鲭鱼混合放入另一只碗中，再放入青紫苏嫩芽。浇上已拌均匀的调味汁，充分混合后即可享用。

* 水菜全称白茎千筋京水菜，又称千筋菜、水晶菜。若无，可用其他适合做沙拉的嫩叶蔬菜代替。
** 山葵菜因具有类似山葵的清爽辛辣风味而得名。若无，可用苦苣或其他适合做沙拉的嫩叶蔬菜代替。

Point

沙拉用的新鲜蔬菜放入冰箱保存时，像做法❷那样沥干水后，放入垫有厨房用纸的保存容器中，在上面也盖上厨房用纸后再放进冷藏室。沥干水，蔬菜就可以持续保持爽脆的状态。因为蔬菜容易冻伤，所以不要放在冷气风口旁的位置。

椰子奶冻和白葡萄酒果冻

材料（容易做的分量，5~6人份）
芒果…1/2个，柠檬汁、薄荷叶、打发好的鲜奶油…各适量
白葡萄酒果冻 白葡萄酒（甜）…350mL，芦荟果肉（市售）…130g，水…50mL，细砂糖…2大勺，吉利丁片…6g，柠檬汁…1小勺
椰子奶冻 椰奶（罐装）…200mL，牛奶…150mL，鲜奶油…50mL，细砂糖…2大勺，盐…1/6小勺，吉利丁片…5g，意大利苦杏酒（amaretto）…1大勺

做法
❶ 制作白葡萄酒果冻。吉利丁片先浸入水中（分量外）泡发。在锅里倒入白葡萄酒、水、细砂糖后开火加热，煮沸后加入绞干水的吉利丁片，关火。锅里液体盛入碗中，碗放在冰水里，加入柠檬汁，慢慢搅拌让液体冷却。在杯子里倒入芦荟果肉和已冷却的果冻液，放入冰箱冷藏使其凝固。
❷ 制作椰子奶冻。吉利丁片先浸入水中（分量外）泡发。在锅里放入椰奶、牛奶、鲜奶油、细砂糖、盐后开火，煮沸后加入绞干水的吉利丁片，关火。锅里液体盛入碗中，碗放在冰水里，加入意大利苦杏酒，慢慢搅拌让液体冷却。缓慢倒在❶中已凝固的果冻上，再放入冰箱冷藏使其凝固。
❸ 芒果切成边长约1.5cm的方块，余下的边角料备用。薄荷叶留一枝装饰用，其余的切碎后和芒果块混在一起，倒入柠檬汁腌渍。边角料芒果用菜刀背敲成细泥，再倒入柠檬汁，过滤后缓慢倒入❷中已凝固的椰子奶冻上。用打发好的鲜奶油、腌渍好的芒果块和碎薄荷叶来做装饰，最后插上薄荷叶枝条。

要点和建议　Point & Advice

★ 鸡肉丸子和夏季蔬菜冷盘用大碗盛放，也可以与臭橙调味汁拌乌贼和日式油扬等组合在一起摆放，让饭桌更具有层次感。

★ 为了方便客人拿取食物，用大碗盛饭的料理要放在中间的位置。

食单　Menu

· 米莫勒奶酪混豆渣配法棍切片
· 臭橙调味汁拌乌贼和日式油扬
· 生姜风味凤尾鱼卷心菜
· 鸡肉丸子和夏季蔬菜冷盘
· 油炸猪肉酿香菇
· 自制西式泡菜（食谱见 P141）
· 核桃味噌烤饭团
· 朗姆酒红糖蕨饼

大碗里的家常菜，夏日清凉感京都风味

以蓝色花纹的器具为主，也可与质感不同的陶器或木器组合，带来夏天般的清凉感觉。形状独特的筷架成为不错的点缀，赢得了客人的笑脸。

准备顺序

前一天

先做好放入米莫勒奶酪（Mimolette）的豆渣、臭橙调味汁、鸡肉丸子和夏季蔬菜冷盘、油炸猪肉酿香菇的肉馅、自制西式泡菜（食谱见 P141）、核桃味噌烤饭团、蕨菜饼所需的黑蜜。

当天

做好剩下的料理并装盘。鸡肉丸子和夏季蔬菜冷盘最后装盘以保持冰冷的状态。

在鸡肉丸子和夏季蔬菜冷盘中搭配绿色枫叶状面筋，让人体味到季节感

色彩缤纷的夏季蔬菜，只是看着就感觉很有精神。使用和小茄子、鸡肉丸子大小一致的樱桃番茄，有可爱的润色点缀效果。散发着出汁香气的酱汤，给人一种可以一饮而尽的清爽感，还可以用于其他各种煮物。

呈长条形摆放的料理让客人心情愉悦，还能感受到和睦的家庭聚餐氛围

朴素的生姜风味凤尾鱼卷心菜放在质朴而具现代感的陶盘中，亮眼多彩的自制西式泡菜则适合同样色彩浓郁的伊万里烧（Imari burn，也叫有田烧）中钵。在品味料理的空隙停筷小歇，欣赏碗碟之美，也是一种享受。

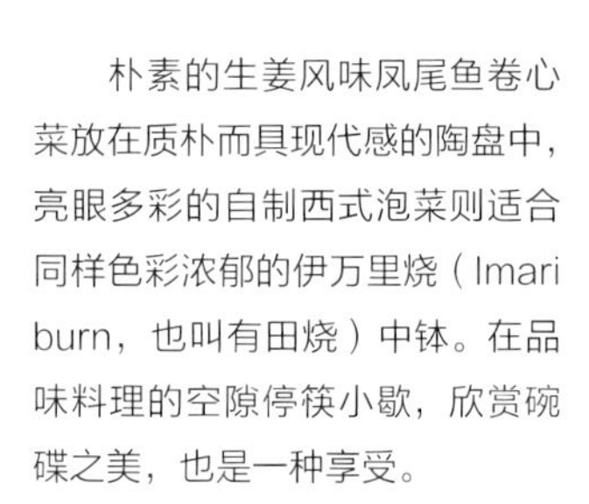

为了方便客人拿取，前菜均以一人份分别盛放。不论是臭橙调味汁调拌的清爽的日式油扬，还是抹着浓郁风味的米莫勒奶酪而有着醇厚口感的法棍切片，都特别适合佐酒，让客人一品尝就停不住嘴。

素朴的核桃味噌烤饭团以毫不修饰的拙朴形式摆放

涂上核桃味噌之后用瓦斯喷火枪烤至表面上色。散发出的焦香气味和呈现出的古朴风味，让人忍不住再伸手拿一个。

两种颜色的猪肉酿香菇有节奏感地呈长条形排列

猪肉酿香菇表层装饰食材的漂亮色彩丰富了视觉。品味充满肉汁的肉馅和湿润口感的香菇的不同风味。

简单的蕨饼加入可爱的小点心和水果作为点缀

铃铛形状的红豆沙馅最中，不仅让人赏心悦目，还给滑溜溜的蕨饼增添别样的口感。砂糖小球丰富了色彩，令人心情愉悦。

米莫勒奶酪混豆渣配法棍切片

材料（4 人份）

法棍切片…8 小片，豆渣…150g，米莫勒奶酪（Mimolette）…20g，剥好的毛豆（煮熟）…50g，大葱…1/3 根，生姜…1/3 片，迷迭香（新鲜、切碎）…1/3 大勺，出汁…水 100mL + 出汁颗粒 1/2 小勺（预先加热至溶化），橄榄油…1 大勺

A 砂糖…1/2 大勺，清酒…1 大勺，食盐…1/2 小勺

蒜香黄油 黄油（有盐）…60g，大蒜…1 瓣，欧芹（切碎）…1 大勺，大杏仁 * 粉（若无可不加）…1/2 大勺，白兰地…1 小勺，酱油…少量，盐…适量

装饰用 米莫勒奶酪（细长圆锥状）、迷迭香（新鲜）、剥好的毛豆（煮熟）…各适量

做法

❶ 做蒜香黄油。黄油室温放置至柔软。大蒜切末。混合蒜香黄油的所有材料，搅拌均匀。

❷ 大葱、生姜切末。在平底锅里倒入橄榄油，小火加热。大葱和生姜炒至散发香味。加入豆渣，轻轻炒至锅内材料都混合均匀。

❸ 在❷的锅中加入 A 的所有材料翻炒均匀，加入出汁，炒至汤汁收干后关火。

❹ 米莫勒奶酪切末后和迷迭香一起加入❸的锅中混合。再加入剥好的毛豆搅拌。

❺ 在法棍切片上涂抹做好的蒜香黄油，把❹中拌好的材料放在法棍切片上。用作为装饰的米莫勒奶酪、迷迭香和剥好的毛豆点缀。

＊大杏仁指扁桃仁（almond）。

Point

用两只汤勺配合按压出椭圆的形状，放到法棍切片上。

臭橙调味汁拌乌贼和日式油扬

材料（4 人份）

乌贼…1 只，日式油扬 *…2 张，白萝卜泥（沥干水）…100g，七味唐辛子…少量，青紫苏（大叶紫苏）嫩芽…适量

臭橙调味汁 酱油…50mL，老抽…50mL，臭橙 ** 汁（可用柠檬汁或西柚汁代替）…50mL，煮过的酒 ***…50mL，砂糖…2 小勺

做法

❶ 臭橙调味汁的所有材料混合均匀，再加入白萝卜泥和七味唐辛子，放入冰箱冷藏一晚。

❷ 将已煎至表面焦黄的日式油扬，切成边长 1.5cm 的方片。乌贼去掉内脏，躯干切成边长 1.5cm 的方片，须切成 1.5cm 长的段，快速在沸水中汆一下。

❸ 乌贼、日式油扬和❶中处理好的调味料混合盛入盘中，以青紫苏嫩芽点缀。

＊日式油扬也常被称为寿司豆皮、日式豆皮。若买不到可用油豆皮代替。

＊＊臭橙（*Citrus sphaerocarpa*），日本的一种柑橘类水果。

＊＊＊日文为"煮切り酒"，即经过蒸煮去除了酒精成分的酒，日式料理中常用到。

生姜风味凤尾鱼卷心菜

材料（4 人份）

卷心菜…1/2 个，生姜…1/2 片，鳀鱼（罐头）…4 片，红辣椒…1~2 根，橄榄油…3 大勺，白葡萄酒…50~100mL，盐、黑胡椒粉、细香葱（chives）…各适量

做法

❶ 把卷心菜的菜心和叶子分开，均切成容易入口的大小，洗净后仔细沥干水。生姜切末。红辣椒切成两半，去籽。细香葱切末。

❷ 深口平底锅内放橄榄油，放入 1/2 量的生姜和红辣椒小火加热。炒至有香味后加入卷心菜的菜心部分继续翻炒。调至中火后加入白葡萄酒和鳀鱼，把鳀鱼片炒散后，盖上锅盖焖 1 min。

❸ 在❷的锅中放入卷心菜的叶子部分，轻轻混合拌炒，变软后边试味道边放盐，黑胡椒粉可多撒一些。最后盛入盘中，撒上细香葱和剩余的生姜。

核桃味噌烤饭团

材料（4 人份）

饭团…8 个

核桃味噌（容易做的分量） 核桃…70g，赤味噌（详见 P18"煎烤食材蘸汁两种 酢橘、盐"）…150g，麦味噌…50g，砂糖…5 大勺，出汁酱油［按 2(酱油)：1(味淋)：1(清酒)的比例，再加入适量海带或者鲣鱼干片混合，煮至沸腾，过滤后待用］…2 大勺

做法

❶ 制作核桃味噌。核桃用小火慢慢炒，待稍微变焦后关火。然后把核桃放入食物料理机中打碎，再加入核桃味噌剩下的所有材料搅拌至均匀。

❷ 在饭团上涂❶的核桃味噌，用瓦斯喷火枪烤至表面上色。做好的核桃味噌装在密封罐中放入冰箱可以保存约 2 个月。

鸡肉丸子和夏季蔬菜冷盘

材料（4人份）

南瓜…1/4个，小茄子…4根，秋葵…4根，樱桃番茄…4个，蘘荷…4个，胡萝卜、面筋（绿色枫叶状）…各适量，炸物专用油…适量

基本出汁 出汁…2L，清酒…4大勺，淡口酱油…3½大勺，白出汁…1½大勺，盐…2小勺，砂糖…两小撮至1小勺（全部放入锅中加热至沸腾关火）

鸡肉丸子 鸡肉末…300g，味噌…2小勺，砂糖…2小勺，生姜（切碎）…1小勺，盐…1/6小勺

做法

❶ 南瓜切成容易入口的大小，然后将棱角削圆。小茄子切掉花萼。秋葵撒上适量的盐（分量外）在砧板上滚动按压，稍微焯一下后浸入冰水中，沥干水切去两端。樱桃番茄用沸水烫一下后去皮。蘘荷纵向对半切开。胡萝卜用模具切出形状，稍微焯一下后浸入冰水中，然后沥干水。

❷ 做鸡肉丸子。把鸡肉丸子的所有材料混合搅拌均匀，搓成直径约3cm的圆球。在沸水中汆一下后浸入冰水中，然后沥干水。

❸ 在锅中倒入炸物专用油加热至180℃，小茄子素炸之后放在厨房用纸上，把多余的油吸掉。

❹ 南瓜和基本出汁500mL放入锅中小火加热，煮至南瓜变软关火，放凉至不烫手时放入冰箱冷藏。

❺ 基本出汁1L放入锅中煮沸，加入鸡肉丸子、胡萝卜，小火煮至胡萝卜熟透后关火。再加入秋葵、樱桃番茄、蘘荷、面筋，放凉至不烫手时放入冰箱冷藏。

❻ 基本出汁500mL放入锅中煮沸，加入❸的小茄子，然后一边不断撇出浮沫，一边用小火加热约5min后关火。放凉至不烫手时放入冰箱冷藏。

❼ 将❹、❺、❻的材料盛放在碗中，倒入❺的高汤。

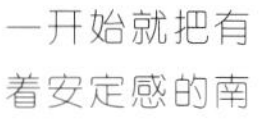

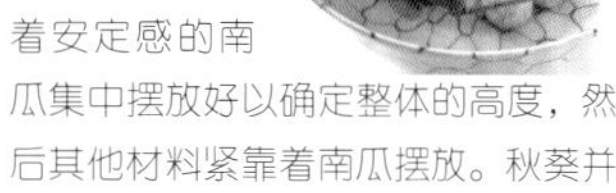

Point

一开始就把有着安定感的南瓜集中摆放好以确定整体的高度，然后其他材料紧靠着南瓜摆放。秋葵并在一起、集中摆放。

油炸猪肉酿香菇

材料（4人份）

香菇（小个的）…8个，低筋面粉、膨化米粒、熟糯米粉（绿）、炸物专用油…各适量，白果、酢橘（详见P18“煎烤食材　蘸汁两种　酢橘、盐”）、芽苗蔬菜、盐…各适量

肉馅 猪肉末…200g，山药*…2cm，蛋黄…1个，盐…1/3小勺，柚子胡椒**、酱油…各1/2小勺，太白粉…2~3大勺

做法

❶ 香菇去根后涂满低筋面粉，用刷子刷去多余的面粉。

❷ 制作肉馅。山药去皮磨碎后放入大碗中，再放入猪肉末、蛋黄混合搅拌均匀，然后加入盐、柚子胡椒、酱油搅拌至有黏性。再放入太白粉进一步搅拌后，放入冰箱冷藏30min。

❸ 在❶的香菇内塞满❷的肉馅并使其呈半球形，肉馅表面撒满膨化米粒或熟糯米粉。在锅中倒入炸物专用油加热至180℃，将塞好肉的香菇炸到松脆。然后素炸一下白果。

❹ 在盘中铺上芽苗蔬菜，把炸好的香菇、白果和切成月牙形的酢橘摆放好。蘸盐吃。

* 原书此处使用的是日本薯蓣（山いも，山の芋），在日本也称为自然薯，比一般常见的山药黏性更强。

** 柚子胡椒是日本九州特有的调味料，多用日本柚子（即香橙）的皮、青辣椒和盐制成。若买不到可自己制作，将日本柚子的皮（白膜部分尽量去掉）和去籽的辣椒全部切成细丝后放入捣蒜钵中，再加入盐和白糖，用捣蒜锤研磨至糊状，也可再挤入少许柚子汁。

朗姆酒红糖蕨饼

材料（4人份）

软糖豆、黄豆粉、砂糖…各适量，盐…少许，最中*…4个，葡萄…4粒

日式蕨饼 蕨粉…150g，水…750mL，砂糖…50g

黑蜜（容易做的分量） 黑砂糖…150g，白砂糖…75g，水…750mL，朗姆酒…1大勺

做法

❶ 制作黑蜜。将除朗姆酒以外的所有材料放入锅内，中火加热，这期间不断撇出浮沫，煮至剩余1/2的量时关火，放凉后加入朗姆酒。

❷ 制作日式蕨饼。把日式蕨饼的所有材料搅拌均匀后倒入锅内，中火加热，用木勺贴着锅底拌炒，直至汤汁变浓稠且用木勺划过会留下痕迹，关火。用勺子每次舀出一口大小的量放入冷水中，凝固后取出沥干水。

❸ 黄豆粉放入平底锅中小火炒，散发出香味后加入砂糖和盐快速混合搅拌，然后关火。

❹ 日式蕨饼、最中、葡萄、软糖豆放在盘中。浇上❶的黑蜜、撒上❸的黄豆粉后即可食用。

* 最中是日式和果子的一种，一般为烤得薄酥的糯米外壳和红豆沙馅。

Point

图中是可爱的铃铛形状的最中，其红豆沙馅的风味配合蕨饼，打造出新的口感。

要点和建议 Point & Advice

★ 打破桌旗纵向摆放的惯例，变化为用两张桌旗横向摆放的形式。这样餐桌两侧面对着的客人会感到距离被拉近了，会感觉更舒服。

★ 配色上以蓝色为主色、白色为辅助色、红色为对比色，给人一种像大海一样清爽的印象。

★ 预先准备好两种不同的玻璃杯，客人在就餐期间想变换饮料时可随意使用。

食单 Menu

- 芝士饼干小点
- 海虾西葫芦开胃小点
- 当季蔬菜大盘沙拉
- 牛排沙拉配香醋酱汁
- 胡萝卜焖饭
- 配浓郁西西里炖菜（caponata）
- 水果提拉米苏

满满的、用大盘盛放的意大利风味

多彩的蔬菜放在大大的带脚深盘中。赏心悦目的意大利风格。自由享用的牛排沙拉和海虾！喜欢什么就尽管取用吧。

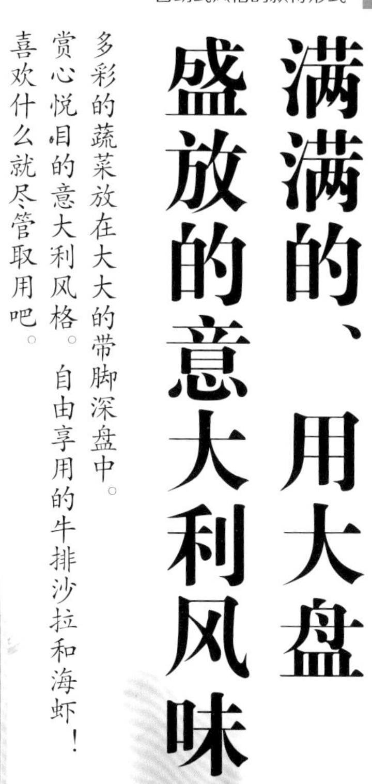

准备顺序

前一天

将用于制作沙拉的叶类蔬菜洗干净，先放入保存容器中。作为小点的芝士饼干、西西里炖菜、牛排沙拉的香醋酱汁等先做好。

当天

做好料理并摆盘。沙拉的蔬菜容易变蔫，所以最后再摆盘。牛排沙拉的香醋酱汁和帕玛森奶酪可以在客人都到齐之后再倒上。

海虾西葫芦开胃小点，放入玻璃容器中让客人感受缤纷的色彩

海虾和西葫芦浇上奶油酱汁，相互叠加的摆放方式增加了立体感。烤过的多汁西葫芦、富有弹性的海虾和清爽口感的酱汁共同造就的前菜，一定会让大家都想要再来一份吧。

黄色的米莫勒奶酪映衬着绿色的蔬菜，满满一盘正宗意大利风味的美味沙拉

餐桌上以浅扁餐具为主时，如果搭配上一两件有高度的餐具，会营造出更好的平衡感。如果是有立脚的餐具，就能引导客人的目光向上看，所以效果更好。新鲜的蔬菜佐以散发醇厚莳萝香味的调味汁，让人食欲大开。

先准备好口感清淡没有甜味的饼干，可作为餐前小点，或者餐中用来变换口味，又或者餐后作为佐茶小点，当然客人也可根据自己的喜好随意享用。

强调线条的摆盘，让简单的料理也能给客人留下新鲜的印象

芝麻菜在盘子中央呈长条形摆放，奶酪切削为两种形式，稍微花些功夫的摆盘会令客人更开心吧。牛肉醇厚的味道搭配作为味觉关键点的芝麻菜的辛味、奶酪的浓郁风味以及香醋酱汁的酸味，的确是普通却最棒的组合。

胡萝卜焖饭和西西里炖菜分成小份更容易拿取

西西里炖菜采用一人份为一小锅的摆盘形式，在客人取用前有着赏心悦目的效果。在自助式风格的款待中，以及对于容易洒的料理，这种形式都是很适用的。湿润口感的胡萝卜焖饭搭配浓郁的西西里炖菜一起食用，会展现更丰富而美妙的滋味。

满满地铺着树莓、绑着可爱蝴蝶结的提拉米苏，漂亮得可以直接作为礼物送人。豪迈地插入勺子挖起一大勺，用朗姆酒加热过的水果以及鲜奶油、奶酪就一起现出身姿了。

里面是满满的奶酪和鲜奶油，表面装饰着漂亮的水果

芝士饼干小点

材料（长 4cm，20 个）

黄油（无盐）…180g，蓝纹奶酪…200g，蛋黄…2 个，手粉（低筋面粉）…适量，上色用的蛋液…蛋黄 1 个（用 1 大勺水拌匀）

A 低筋面粉…260g，泡打粉…1 小勺，盐…1/2 小勺

做法

❶ 黄油先室温软化。

❷ ❶的黄油放进食物料理机搅拌至柔软的状态，然后加入蓝纹奶酪和蛋黄，每次加入材料后都要用食物料理机搅拌至均匀后再加入下一种。

❸ 在❷的材料中加入 A 的所有材料，搅拌均匀后从食物料理机中取出，揉捏成团，用保鲜膜包好放入冰箱冷藏室静置 1~12 h。

❹ 烤箱预热至 200℃。在案板上撒手粉，把❸的材料擀成 3mm 厚的薄片，用叉子在各处插出排气孔。

❺ ❹的材料用模具切出形状，摆放在铺好烤盘纸的烤盘中，涂上色用的蛋液。放入预热至 180℃的烤箱中烤 8 min，然后降温至 160℃烤约 6 min，拿出放凉。

海虾西葫芦开胃小点

材料（4 人份）

海虾…8 只，西葫芦（绿、黄*）…各 1 根，迷你番茄、芽葱**…各适量

奶油酱汁 酸奶油…4 大勺，奶油奶酪…2 大勺，柠檬汁…1 大勺，盐…2/3 小勺，大蒜（磨成泥）…2/3 小勺，柠檬皮（切碎）…少许

做法

❶ 海虾在加入少许盐（分量外）的沸水中煮约 1 min，然后切成两半。

❷ 西葫芦切成 5mm 厚的片，架在网上烤至微焦黄。

❸ 奶油酱汁的所有材料拌匀。

❹ 把❶、❷、❸的材料放入小盅中，用迷你番茄、芽葱装饰。

* 黄色西葫芦常被称为香蕉西葫芦，皮为黄色，形似香蕉，适宜生食，也可炒食或做馅。

** 芽葱是日本一种极细小的葱，香味特殊，多用来铺在寿司上，也常用来撒在煮熟的汤中调味。

在盘中按照西葫芦、海虾、奶油酱汁的顺序反复叠加摆放。可借奶油酱汁的黏性固定材料位置，制造出立体感的摆盘效果。

当季蔬菜大盘沙拉

材料（4 人份）

玉米…1 根，四季豆…10 根，迷你胡萝卜…4 根，西洋菜…1 束，沙拉用叶菜…1 盒，意大利菊苣*…4 片，米莫勒奶酪（Mimolette）……适量

调味汁（容易做的分量） 蛋黄酱、酸奶（无糖）…各 3 大勺，牛奶…1 大勺，芹菜（切碎末）…2 小勺，莳萝（切碎）…1 小勺，大蒜油…2 小勺，颗粒状黄芥末、柠檬汁…各 1 小勺，盐…1/3 小勺，胡椒粉……适量

做法

❶ 玉米水煮后剥下玉米粒备用。四季豆、迷你胡萝卜煮至熟且仍保持形状的状态，然后切段。沙拉用叶菜洗净沥干水。西洋菜、意大利菊苣切成容易入口的小片。

❷ 调味汁的所有材料混合搅拌均匀，用保鲜膜包好放入冰箱冷藏 1 h。

❸ 所有蔬菜放入大碗内混合均匀后盛入带脚深盘中，米莫勒奶酪磨碎撒在沙拉上，再浇上调味汁即可享用。

* 原书此处使用的是意大利菊苣中长圆结球形、红色的“Treviso”品种。若购买不到可用其他菊苣或紫甘蓝代替。

牛排沙拉配香醋酱汁

材料（4人份）

牛后腿肉（牛排专用）…300g，芝麻菜…2盒，意大利香醋*…250mL，出汁酱油（详见P24“核桃味噌烤饭团”）、蜂蜜…各1大勺，盐、胡椒粉…各适量，碎帕玛森奶酪（Parmesan）、红洋葱（切碎末）、橄榄油、迷你番茄、刺山柑（capers）…各适量

做法

❶ 制作香醋酱汁。意大利香醋放入小锅用中火煮，注意不要煮焦，慢煮至浓稠状态，加入出汁酱油和蜂蜜后关火。芝麻菜浸冰水后沥干。

❷ 牛后腿肉撒上盐、胡椒粉。平底锅中火加热，不放油直接煎牛后腿肉。时不时翻面，煎至六分熟。

❸ 牛后腿肉切成薄片排放在盘中，芝麻菜摆在肉片上，撒碎帕玛森奶酪、红洋葱。浇上熬煮好的香醋酱汁和橄榄油。最后用迷你番茄、刺山柑装饰。

＊意大利香醋（balsamic vinegar）又称为意大利黑醋、巴沙米克醋，是源于意大利的由葡萄酿制而成的带有芳香气味的调味汁。

水果提拉米苏

材料（直径 20cm、高 10cm 的玻璃容器，1 个）

拇指饼干（市售）…40 根，香蕉…1 根，猕猴桃…1 个，树莓…60~80 粒，黄油…10g

A 枫糖浆…1 大勺，朗姆酒…1/2 大勺，盐…少许

蛋糕体 马斯卡彭奶酪（mascarpone）…225g，**B**（蜂蜜 近 2 大勺、香草豆荚 1/2 根、柠檬汁 1 大勺），鲜奶油…200mL，**C**（细砂糖 1 大勺、朗姆酒 2 小勺、香草精 1 小勺、盐少许）

糖浆 细砂糖…50g，水…100mL，朗姆酒…1 大勺

装饰用 糖粉、薄荷叶、镜面果胶…各适量

做法

❶ 炒水果。香蕉和猕猴桃切成一口大小。平底锅内放黄油大火加热，黄油完全熔化后放入香蕉拌炒。再放入猕猴桃稍稍拌炒一下，加入 A 的所有材料后边颠锅边翻炒一下，然后关火放凉。

❷ 制作糖浆。细砂糖和水放入锅内用大火烧，细砂糖化开且水沸腾时立即关火，加入朗姆酒并放凉。

❸ 制作蛋糕体。马斯卡彭奶酪里加入 B 的所有材料，充分混合搅拌均匀，裹上保鲜膜放入冰箱冷藏。鲜奶油加入 C 的所有材料充分打发好，和冷藏好的马斯卡彭奶酪混合。

❹ 拇指饼干的背面用刷子涂上❷的糖浆，在容器的内壁处并列竖排。内部倒入❸的材料和❶的水果，然后在表层铺满树莓，撒上糖粉，用薄荷叶、镜面果胶装饰。

胡萝卜焖饭配浓郁西西里炖菜

材料（容易做的分量）

胡萝卜焖饭 米…450g，鸡皮…1 片，洋葱…1/2 个，胡萝卜…1 根，清汤（consommé）…水 500mL+ 清汤浓缩块 1 个（预先加热至溶化），盐…近 2 小勺，白出汁…少许，白胡椒粉…适量，装饰用胡萝卜（黄油煎好）、百里香…各适量

西西里炖菜 甜椒（红、黄）…各 1/2 个，茄子…1 根，蟹味菇…1 盒，成熟的番茄…2 个，洋葱（大个）…1/2 个，大蒜（大个）…1/2 瓣，红辣椒…1/2 根，百里香（新鲜）…5 根，月桂叶（laurel）…2 片，迷迭香（rosemary）…1/2 根，盐、胡椒粉…各适量，橄榄油…适量

做法

❶ 做胡萝卜焖饭。洋葱切碎，胡萝卜磨碎。平底锅中放入鸡皮小火煎至出油。鸡皮变金黄后加入洋葱中火翻炒，洋葱开始变色后倒入清汤，煮沸后关火。

❷ 在电饭锅中放入米、❶的材料、盐、白出汁、白胡椒粉。加入对应电饭锅 450g 米的刻度的水（分量外），用焖饭模式煮。取出鸡皮，余下的所有材料搅拌均匀。

❸ 做西西里炖菜。甜椒和茄子切成一口大小。蟹味菇掰开。番茄带皮 6 等分切成月牙形。洋葱切成薄片。大蒜切碎。红辣椒去籽后从一端剖为两半。

❹ 平底锅中放入橄榄油、大蒜、红辣椒，小火炒至散发香味，加入洋葱调至中火继续炒。放入甜椒、茄子、蟹味菇，炒至洋葱变软后再放入番茄、百里香、月桂叶、迷迭香、盐、胡椒粉，小火煮约 30 min 直到汤汁收干。煮的过程中需搅拌以防止煮煳。煮好后分别装入一人份小锅中。

❺ 把胡萝卜焖饭从模具中倒模般倒至大托盘中，然后以黄油煎好的胡萝卜和百里香装饰。

熟食店里能买到的简易熟食，只要稍微加工一下就可以成为很棒的款待料理。

没有太多时间准备料理时，或者突然有客人来访时，就让它们来大放光彩吧。

其实，和客人一起去选熟食，然后热热闹闹地一起摆盘，也会很开心！

专栏

用市售熟食快速打造意大利风味餐会

烤蔬菜番茄沙拉

材料（4 人份）

烤蔬菜（市售、未调味的）…200g，番茄…2 个

A 醋…2 小勺，盐…1/4 小勺

B 醋…1 大勺，盐…1 小勺，胡椒粉、意大利欧芹（切碎）…各适量

做法

❶ 番茄切成一口大小，与 A 的所有材料一起预先调味。

❷ 烤蔬菜和❶的材料一起调拌均匀。再加入 B 的所有材料调和整体味道。

Point

和番茄调拌好的烤蔬菜吃起来会非常爽口。要点是，番茄要预先调味后再和烤蔬菜拌匀，这样烤蔬菜就不会变得水水的。

土豆沙拉和生火腿手鞠寿司

材料（4 人份）

土豆沙拉（市售）…400g，生火腿…1 盒，红辣椒粉 (red pepper，cayenne pepper)…少许，芽苗蔬菜、酿橄榄 *（stuffed olives）…各适量

做法

❶ 土豆沙拉里加入红辣椒粉混合拌匀。

❷ 将❶ 的土豆沙拉和芽苗蔬菜用生火腿卷成球形，放入小盘中。旁边配上扦子穿好的酿橄榄。

* 酿橄榄也称为夹心橄榄，多为橄榄去核后塞入甜椒碎等腌制而成。市售有罐头类产品。

Point

用生火腿卷住土豆沙拉，增添了咸香的美妙风味，将简易熟食提升到了小吃拼盘的等级。

炸虾串

材料（4人份）
炸虾（小个，市售）…16个，芹菜、樱桃番茄…各适量
A 蛋黄酱、番茄酱…各3大匀，炼乳、白兰地…各1/2小勺，塔巴斯哥辣酱（Tabasco）…少许
B 果冻状的柑橘醋*（市售）、黄瓜（切碎）、生姜（切碎）…各适量

做法
❶ A、B的材料分别混合拌匀后放入两个玻璃杯中。芹菜切段，放入另一个玻璃杯中。
❷ 炸虾用竹扦穿好，和❶的玻璃杯一起摆进盘中，搭配上樱桃番茄。

* 柑橘醋指日本的"ポン酢（ぽん酢）"，也称为橙醋等，多由柑橘属水果的果汁、酱油、味淋、清酒、海带等制成。

Point

竹扦穿炸虾时注意不要刺穿而露头。一口就能吃下的炸虾和酱汁简直是绝配。

沙拉比萨

材料（4人份）
比萨皮（直径20cm）…1张，木瓜…1/4个，烟熏三文鱼…8片，芝麻菜…1袋，农夫奶酪（cottage cheese）…4大匀，黑橄榄（切片）、刺山柑（capers）、飞鱼鱼子、橄榄油…各适量
莳萝酸奶酱汁 酸奶…4大匀，蛋黄酱…2大匀，莳萝（切碎）…1大匀，白出汁…1/2小匀

做法
❶ 木瓜、烟熏三文鱼切成容易食用的大小。芝麻菜横向对半切开。莳萝酸奶酱汁的所有材料混合均匀。
❷ 比萨皮用平底锅快速地煎一下后切开，在上面铺上木瓜、烟熏三文鱼、农夫奶酪、芝麻菜、黑橄榄、刺山柑和飞鱼鱼子。浇上橄榄油、莳萝酸奶酱汁即可享用。

Point

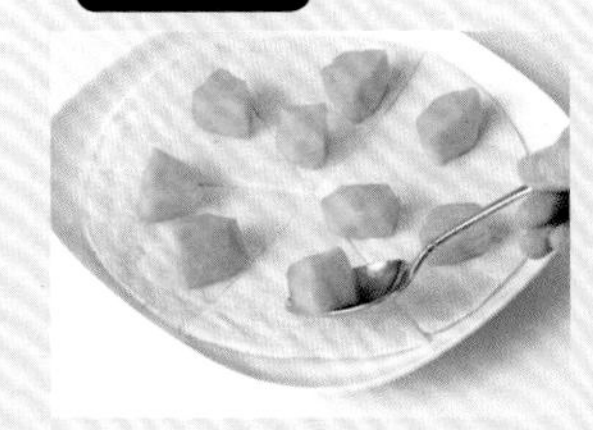

比萨皮预先切好再铺上材料会更方便食用。微微煎一下只是温热程度的比萨皮散发出甜香气味，与水果搭配起来很相称。

要点和建议　Point & Advice

- ★ 使用有立脚的容器打造更具立体感的搭配。
- ★ 多做一些摆盘时分成一人份的料理，营造很受女性欢迎的可爱印象。
- ★ 当使用的桌布带有具视觉冲击力的花纹图案时，不要使其全部显露出来，应尽量控制使其只露出 60%。

创意居酒屋风格料理，度过愉快的一刻

用有立脚的容器做搭配，带来新鲜感。下足功夫的各种创意居酒屋风格料理聚集在一起，营造出隐秘的美味居酒屋的氛围。

准备顺序

前一天

先制作洋葱和羊栖菜的黑色浓汤、橙皮鱼子沙拉酱、红酒意大利烩饭可乐饼用的红酒意大利烩饭。抹茶法式烤布蕾也可以先做好，但表面先不要上焦色。

当天

制作剩下的料理并摆盘。春卷容易变干，所以在客人来之前需用保鲜膜包好。抹茶法式烤布蕾上菜前再把表面烤焦。

食单 Menu

- 洋葱和羊栖菜的黑色浓汤
- 和风臭橙盅卡布里沙拉
- 橙皮鱼子沙拉酱
- 双菇烟熏三文鱼春卷
- 脆烤猪五花
- 红酒意大利烩饭可乐饼
- 抹茶法式烤布蕾

第一口就能感受到丰富口味的冷制浓汤

浓汤用小咖啡杯盛放，就不需要汤勺了。洁白的奶油映衬着黑色的浓汤。芋头、羊栖菜的颗粒感，洋葱的甜味……各种美味可以一次品尝到，而且对于注重保养的女性，也是值得推荐的一道美颜菜。

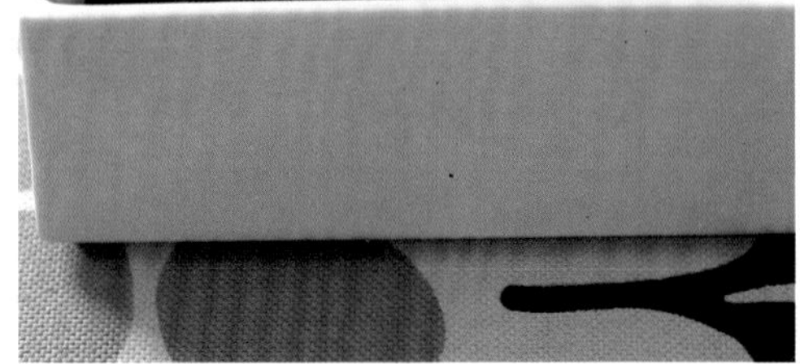

集聚臭橙清爽香味的色彩丰富的卡布里沙拉

使用樱桃番茄和小粒马苏里拉奶酪的圆滚滚的可爱的卡布里沙拉。用生七味、柑橘醋、芝麻油调和，典型的意大利风味与清爽的和风风味搭配甚宜。

春卷的一端跳跃着清新的绿色，创造出动感的摆盘效果

在春卷的一端故意让蔬菜的绿叶露出来，然后再一圈圈卷起来。跳跃的绿色带来韵律感，打造出一道华丽出众的料理。奶油奶酪和烟熏三文鱼的王道组合，和炒香的双菇也是最佳搭配。

盛放在小餐具中的料理 可以轻松地伸手拿起

很难拿取的糊状沙拉和不好拿的小可乐饼，预先分开摆放在小餐具中，不失为一种机智的安排。奶油般的鱼子沙拉酱里的飞鱼鱼子和洋葱不仅好看，还能成为味道的重点。红酒意大利烩饭可乐饼下垫着酱汁，看起来圆圆的很漂亮。

烤得酥脆的猪五花，豪放风格的摆盘，用蔬菜来增加色彩

色彩丰富的大分量蔬菜料理，更适合搭配白色的简单餐具。下面再垫上一只玻璃盘子，具设计感的搭配即呈现眼前。猪五花与多汁的番茄和橄榄堪称绝配，快来取用吧！

把抹茶法式烤布蕾咯噔咯噔地敲开也是一种乐趣

敲开烤成焦糖色的松脆表面，内里露出的奶油是女性所钟爱的抹茶味道。法式风格的甜点搭配创新的和式口感，有种很棒的创意料理的气质。

洋葱和羊栖菜的黑色浓汤

材料（4人份）

洋葱…1个，芋头…1个，羊栖菜（干）…10g（用水泡发，如果是新鲜的则100g），蔬菜高汤…800mL，酱油…1/2小勺，盐…1/4小勺，橄榄油…1~2大勺，鲜奶油、山椒（Japanese pepper）粉、山椒嫩叶…各适量

做法

❶ 洋葱切成薄片。在平底锅中放入1大勺橄榄油，中火稍加热，放入洋葱，炒约10min直至洋葱变成淡淡的糖稀色。如果橄榄油不足可以中途补加。

❷ 芋头去皮用保鲜膜包好，放入微波炉加热2~3min。

❸ 在深口锅内倒入1/2大勺橄榄油，中火加热，放入羊栖菜翻炒一会儿。放入盐和酱油拌炒均匀，再放入❶的洋葱、❷的芋头和蔬菜高汤，小火煮10min。

❹ 把❸的所有材料放入食物料理机中，搅拌至顺滑的浓汤状。放凉后放进冰箱冷藏。

❺ 盛入杯中，倒入鲜奶油使其浮于表面，再撒上山椒粉并用山椒嫩叶点缀。

橙皮鱼子沙拉酱 红酒意大利烩饭可乐饼

材料（4人份）

（橙皮鱼子沙拉酱 *）

土豆…350g（蒸熟去皮300g），明太子…1只（完整的，40g），橙子皮…10g，**A**（蛋黄酱1大勺、酸奶油2小勺、柠檬汁1小勺、淡口酱油1/4小勺、炼乳1/2小勺），装饰用红洋葱（切碎末）、飞鱼鱼子…各1大勺

（红酒意大利烩饭可乐饼）

格吕耶尔奶酪（Gruyère）…20g，低筋面粉、蛋液、面包糠、炸物专用油…各适量，装饰用迷迭香…适量

烩饭　米…150g，红葱头**（可用1/2个洋葱和1瓣切碎的大蒜代替）…1个，红葡萄酒…200mL，清汤（consommé）…水500mL+清汤浓缩块1个（预先加热至溶化），鲜奶油…70mL，碎帕玛森奶酪（Parmesan）…2大勺，橄榄油…1大勺，黄油…10g

番茄酱汁（容易做的分量）　去皮整番茄***（罐头）…400g，洋葱…1/4个，盐…1/2小勺，砂糖…一小撮，胡椒粉…适量，橄榄油…1大勺

做法

（橙皮鱼子沙拉酱）

❶ 带皮的土豆用蒸锅蒸到可以用牙签轻易插入的状态，剥皮后趁热捣碎。明太子剥去外皮，取出里面的鱼子备用。橙子皮切成碎末。

❷ 把A的所有材料放入大碗中混合拌匀，再加入❶的材料混合拌匀。盛入玻璃杯中，用红洋葱和飞鱼鱼子做装饰。

（红酒意大利烩饭可乐饼）

❶ 制作烩饭。红葱头切成碎末。锅中放橄榄油和黄油小火加热，加入红葱头炒至散发出香味，然后放入米，转中火炒至米粒变得透明。

❷ 转大火加入红葡萄酒，稍微混合搅拌后转中火，一直煮至汤汁基本收干。

❸ 加入约200mL清汤，同❷的操作要点煮至汤汁基本收干。再次加适量清汤重复以上操作，直至米粒只余稍稍一点白色硬心。

❹ 加入鲜奶油稍微煮开，放入碎帕玛森奶酪后关火。试一下味道，如有必要可以加点盐（分量外）。取出放入铁盘用保鲜膜包好，稍放凉后放入冰箱冷藏。

❺ 制作番茄酱汁。洋葱切成碎末。锅中放橄榄油中火加热，翻炒洋葱直至散发出香味，加入去皮整番茄拌炒均匀，撒入盐、胡椒粉、砂糖，小火慢煮至分量减半。

❻ 制作可乐饼。格吕耶尔奶酪切成边长1cm的小块。烩饭分成4等份并分别捏成团儿，在中心按压出一个凹坑，填入格吕耶尔奶酪，然后整成球形。按序依次裹上低筋面粉、蛋液、面包糠。锅中倒入炸物专用油加热到180℃，将可乐饼炸至金黄色。

❼ 在小碟中铺上番茄酱汁，再放上可乐饼，以迷迭香做装饰。

* 鱼子沙拉酱（taramasalata）是希腊的经典美食，此款料理以其为基础演变而得。

** 红葱头指胡葱（shallot，学名 *Allium ascalonicum*）的鳞茎部分，其鳞衣多为紫红色。

*** 去皮整番茄指番茄水煮后去皮，与番茄汁一起保存的罐头产品。

和风臭橙盅卡布里沙拉

材料（4个）

臭橙（可用小西柚代替。详见P24“臭橙调味汁拌乌贼和日式油扬”）…4个，樱桃番茄…1盒，马苏里拉奶酪（mozzarella）*…1盒，核桃…50g，韭菜花…1束，柑橘醋（详见P35“炸虾串”）…1/2大勺，生七味**…1/2小勺，盐…1/6小勺，芝麻油…1/2小勺

做法

❶ 核桃稍炒一下，放在笊篱中抖去多余的皮。马苏里拉奶酪切小粒。

❷ 樱桃番茄泡热水后剥皮。

❸ 韭菜花焯约10s，捞出浸入冷水中，然后切成2cm长的段，充分沥干水。加少许酱油（分量外）预先调味。

❹ 切去臭橙的上面部分，把果肉挖出来。

❺ 除臭橙外的材料放入大碗内，拌匀。

❻ 把❺的材料填入❹的臭橙中。

* 意大利经典卡布里沙拉（caprese）多采用由当地水牛奶制成的水牛马苏里拉奶酪（buffalo mozzarella）、罗勒、番茄、橄榄油等制成。这里给出的是稍加改造的和风卡布里沙拉。

** 生七味是日本一种由辣椒、生姜、盐、醋、黑芝麻、海苔、柑橘类水果果皮、酒等调制而成的酱料。

Point

预先留下几个韭菜花的花头部分，最后装饰在沙拉表面。

双菇烟熏三文鱼春卷

材料（4人份）
春卷皮…4张，杏鲍菇、白灰树花菇…各1/2盒，沙拉综合蔬菜…8片，西兰花芽苗…1/2盒，烟熏三文鱼…8片，奶油奶酪（涂抹型）…适量，蚝油…1/2小勺，盐…1/4小勺，橄榄油…1小勺，装饰用小红辣椒…少许
特色酱汁 泰式甜辣酱、鱼露、水…各3大勺

做法
❶ 特色酱汁的所有材料混合拌匀。杏鲍菇和白灰树花菇掰成容易入口的大小。沙拉综合蔬菜洗干净，春卷皮根据包装袋上的提示用水泡开。
❷ 在平底锅内倒入橄榄油，开稍大点的中火热锅，翻炒杏鲍菇和白灰树花菇。及时加入盐调味，炒至菇类稍微变软再加入蚝油，略加翻炒后关火，搁置降温。
❸ 在❶的春卷皮中心稍靠上处放上烟熏三文鱼，在三文鱼上再铺上奶油奶酪、沙拉综合蔬菜、❷的菇类、西兰花芽苗，然后卷紧。一共卷4个春卷，每个均切成3等份后装盘，用小红辣椒做装饰。吃时蘸上特色酱汁享用。

Point

卷春卷皮时应把三文鱼放在最下面，这样从外看时三文鱼的粉红色透出来，就十分赏心悦目。

菜叶露出来的春卷可在盘子两端竖立放置，营造出立体感，而其他的则在中间平放堆起。

脆烤猪五花

材料（4人份）
猪五花薄片…400g，芝麻菜…1袋，茄子…1根，白果（真空包装）…1袋，蟹味菇…1/2包，樱桃番茄…1包，红洋葱…1/4个，黑橄榄（去核）…10个，薄荷叶…10片，橄榄油…少许，盐、胡椒粉…适量
A 柠檬汁、橄榄油…各1大勺，盐、白出汁…各1/2小勺，大蒜（磨成泥）…1/6小勺，砂糖…一小撮，胡椒粉…少许

做法
❶ 猪五花薄片切成长10cm的片，两面撒上适量的盐、胡椒粉。平底锅不放油中火热锅，然后放入猪五花薄片。猪五花薄片不断翻面煎至边缘变得酥脆且油脂溢出，取出放在铺好厨房用纸的铁盘中。抹掉平底锅内的油。
❷ 樱桃番茄纵向对切，红洋葱切碎，黑橄榄切成薄片，一起放入大碗中。
❸ 薄荷叶切碎末。茄子切成边长1cm的块。蟹味菇掰开。在❶的平底锅中倒入橄榄油中火加热，放入茄子、蟹味菇、白果用稍大的中火翻炒。熟透之后放入❷的大碗中，再加入A的所有材料拌匀，最后加入薄荷叶后放入冰箱冷藏。
❹ 猪五花薄片盛入盘中，上面铺好❸的材料和洗干净的芝麻菜。

抹茶法式烤布蕾

材料（直径5cm的法式双耳锅，4个）
鲜奶油…300mL，牛奶…150mL，香草豆荚…1/2根，抹茶…$1\frac{1}{2}$大勺，黄糖…适量
A 蛋黄……4个，细砂糖…50g

做法
❶ 锅内倒入鲜奶油和牛奶。香草豆荚剖开刮出里面的黑籽，然后将豆荚和籽一起放入锅内开中火煮，在马上要沸腾时关火加入抹茶，搅拌均匀。
❷ A的所有材料放入大碗中，用打蛋器搅打至颜色发白。
❸ 把❶的材料一点点慢慢加入❷的大碗中，充分混合搅拌后用滤网过滤，放入冰箱冷藏1h。
❹ 将❸的充分混合好的材料均等地倒入4个耐热法式双耳锅内。
❺ 烤箱预热至150℃。在大铁盘底部垫上毛巾，然后放入❹的双耳锅。铁盘内倒入热水直到双耳锅高度的一半，150℃烤制25~30min。放凉后放进冰箱冷藏。吃之前撒上黄糖，用喷枪烧出焦糖色。

大家团团围着的暖暖和风火锅

由花蛤和鸡高汤巧妙搭配的豆乳火锅，可以让身体渐渐地变暖和。大家一起拿取时容易泼洒出来的调味汁分开备好，作为收尾的拉面可以毫无顾虑地享用。

要点和建议 Point & Advice

- ★ 往火锅里放的食材均分为 2 份放在餐桌两边，这样就不会出现只有一个人成为“火锅放菜负责人”的情形。
- ★ 火锅料理在拿取时容易泼洒汤汁，所以最好不要在餐桌上铺桌布。
- ★ 主色调以黑色为主。火锅食材的颜色已经很漂亮，所以不需要小饰物当作衬托。

准备顺序

前一天

先蒸好小芋头并腌渍好。制作韩式拌菜风味蒸茄子的酱汁。冰激凌最中可根据客人喜爱的口味选择制作。

当天

制作剩下的料理并摆盘。茄子为了能够入味要最先做。用于火锅的豆乳不能煮太久，要等客人落座后再倒入加热。冰激凌最中在端出之前再装盘。

食单 Menu

- 调味小芋头和盐渍三文鱼鱼子
- 韩式拌菜风味蒸茄子
- 缤纷食材的豆乳火锅
- 两种不同风味的冰激凌最中

摆在茄子上的大葱，
让视觉和味觉都得到很好的平衡

在大玻璃杯里堆起切成细长形的茄子，从侧面看也很赏心悦目，其中夹杂着红色的辣椒丝，单独摆在最顶上的大葱则成为不可或缺的视觉和味觉享受的点睛之笔。使用芝麻油和醋调和出令人赞不绝口的韩式拌菜风味。

根据蔬菜、鱼等不同的食材种类来决定摆放位置，让客人容易拿取

容易煮成一团糟的火锅料理，不要一次性放太多食材进去，按照能吃完的分量分几次放进去煮会更好。先翻炒再倒入高汤炖煮的鸡肉末，也可以和汤一起享用。

形状可爱的菊苣、颜色漂亮的盐渍三文鱼鱼子、清爽的柠檬皮和简单的小芋头的组合营造出华丽感。蒸得软糯的小芋头和吃起来像在口中扑哧扑哧蹦跳的三文鱼鱼子，和爽脆的菊苣搭配出丰富的口感，是一道不错的小菜。

一口大小的小芋头放在菊苣之上，
用手抓起就能吃

作为收尾的拉面也加入了色彩丰富的食材

挑起拉面放进碗里，再倒入高汤，食材从个头较大的开始依次摆放。推荐把用来制作高汤的鸡中翅上的肉拆下放入碗中食用。集聚多种食材美味的高汤由于豆乳而变得浓稠，与拉面绝妙融合。

准备好的冰激凌夹在最中皮中，就是最棒的待客甜点

香草冰激凌掺入黄豆粉和黑芝麻很受大众的欢迎。可以考虑黄豆粉冰激凌与带有酸味的杏肉搭配的爽口风味，也可以尝试黑芝麻冰激凌与甘纳豆搭配的醇厚味道。

缤纷食材的豆乳火锅

材料（4人份）

鸡中翅…200g，水…1.5L，鸡肉末…200g，日式油扬（可用油豆皮代替。详见P24“臭橙调味汁拌乌贼和日式油扬”）…1片，花蛤…400g，三文鱼、咸鳕鱼（少量盐稍腌渍）…各4块，小白菜…2株，韭菜花…1束，杏鲍菇…4根，滑子菇（大）…1袋，生面筋…8块，胡萝卜、白萝卜（用模具切出形状）…各适量，豆乳（原味）…500mL，拉面…2把

A 淡口酱油、味淋、白出汁、芝麻油…各1大勺， 盐…1/2大勺

佐料 辣椒油、柚子胡椒、切碎的细香葱（chives）…各适量

做法

❶ 水和鸡中翅一起入锅开火煮，煮至沸腾转中火，撇去浮沫。慢煮至水蒸发得只余约1L（约20min）。取出鸡中翅，剩下煮好的汤汁作为高汤使用（鸡中翅的肉拆解下来可搭配拉面或在凉拌菜中使用）。

❷ 小白菜将叶子和茎分开，茎部纵切成4等份。韭菜花切成5cm长的段。杏鲍菇切成容易入口的大小。滑子菇掰开。

❸ 日式油扬过热水去除余油，切成1.5cm宽的长条。三文鱼和咸鳕鱼切成容易入口的大小，沸水汆一下后捞出浸入冰水中，然后沥干水。

❹ 在盘中放好❷、❸的材料，以及生面筋、胡萝卜、白萝卜。

❺ 在陶锅中倒入芝麻油（分量外）中火加热，放入鸡肉末翻炒，肉变色断生后加入花蛤略炒一下，最后倒入❶的高汤500mL，盖好盖子煮开。

❻ 在❺的陶锅里再加入A的所有材料调味，再倒入豆乳稍微加热一下。把陶锅端到餐桌上的小型炉灶上，就可以放入❹的盘中的食材，边煮边根据个人喜好蘸着佐料食用了（这期间可根据汤水沸腾情况，不时添加豆乳和高汤）。

❼ 拉面可最后加入锅里享用，煮的时间应比袋子上的提示时间略短些。

Point

摆盘时从最大的小白菜叶子开始。为了能压住小白菜叶子，韭菜花集中在一起放，小白菜的茎部可以立着靠上去。

稳固性强的鱼类和生面筋、日式油扬等依次摆上，杏鲍菇、滑子菇和胡萝卜、白萝卜等小的食材放在一旁作为装饰。

调味小芋头和盐渍三文鱼鱼子

材料（4人份）

石川小芋头*…8~12个，盐渍三文鱼鱼子（酱油腌制）…4大勺，比利时菊苣**…8片，橄榄油…1大勺，柠檬汁…1小勺，柠檬皮、盐、胡椒粉…各适量

做法

❶ 小芋头洗干净，用蒸锅蒸至可以用牙签穿透，剥掉外皮。

❷ 将❶的小芋头放入大碗，加入橄榄油、柠檬汁、柠檬皮、盐、胡椒粉后拌匀。放凉后再加入腌渍三文鱼鱼子拌匀。

❸ 在碗中摆好比利时菊苣，再放上❷的食材。

* 石川小芋头在日本以味道香浓、口感软滑而闻名。可用一般小芋头代替，若没有小芋头也可以把大芋头切成一口大小的方块使用。

** 比利时菊苣（Belgian endive）又称为芽苣，日本多称为苦白菜。多为嫩黄色，口感十分新鲜。

韩式拌菜风味蒸茄子

材料（4 人份）

茄子…4 个，松子、红辣椒丝、大葱…各适量

酱汁 酱油…2 大勺，淡口酱油、味淋、白芝麻、芝麻油…各 1 大勺，谷物醋…1~2 小勺，大蒜（磨成泥）…1/2 小勺，盐、辣椒粉…各少许

做法

❶ 把酱汁的材料全部倒入锅中，中火加热，一旦沸腾立即关火。

❷ 每个茄子纵向切成 4 等份，大火蒸约 3 min。

❸ 茄子趁热撕成一口大小，用厨房用纸吸干水，浸入❶的酱汁中 30 min 以上。

❹ 松子炒至散发香味。大葱白色的部分切成长 1cm 的段，焯一下后沥干。❸的食材放入玻璃杯中，装饰红辣椒丝、松子和大葱。

Point

最后用来装饰的大葱，将白色的部分展开切成长片，这小小的一点装饰，却成为视觉与味觉享受的点睛一笔。

两种不同风味的冰激凌最中

材料（容易做的分量）

最中皮（“最中”介绍详见 P23“朗姆酒红糖蕨菜饼”）…4 个，葡萄…适量

黑芝麻冰激凌 香草冰激凌（市售）…240g，黑芝麻…20g，盐…两小撮，甘纳豆 *…适量

黄豆粉冰激凌 香草冰激凌（市售）…240g，黄豆粉（熟）…15g，盐…两小撮，杏肉（切块）…适量

做法

❶ 冰激凌分别室温放置到稍微软化。

❷ 将黑芝麻冰激凌的黑芝麻和盐混合，用平底锅炒至散发香味，然后用研磨钵磨至粗粒状（也可用食物料理机）。

❸ 将黄豆粉冰激凌的黄豆粉和盐混合。

❹ 将❷、❸的材料分别与❶的冰激凌混合拌匀，夹在最中皮之间。

❺ 葡萄对半切开并去籽，摆入盘中并用竹扦穿起。再放入❹的最中，最后分别点缀上甘纳豆和杏肉。

＊甘纳豆是日本的一种零食，多以豆类为主料经糖渍而成。

不同颜色的葡萄重叠会显得很漂亮。先决定好摆放的位置再穿上竹扦。

专栏

在冰激凌上花些心思，就能成为超棒的待客甜点

酥脆的巧克力脆片冰激凌搭配奶泡

混在冰激凌里的巧克力脆片让口感变得更丰富，是道可爱十足的甜点。快要融化像饮料一样的状态时食用也很美味哦。

材料（4 人份）

牛奶…150mL，肉桂粉…少许，肉桂条…4 根

巧克力脆片冰激凌　巧克力冰激凌…100g，巧克力脆片…10g，鲜奶油…1/2 大勺，朗姆酒…1 小勺

做法

❶ 巧克力冰激凌室温放置到变得稍软。混合巧克力脆片冰激凌的所有材料，放入心形的模具（直径约 4cm），然后放入冰箱冷冻室使其凝固。

❷ 在锅内倒入牛奶，小火一边加热一边用打蛋器打发以制作出奶泡。小心地将牛奶倒入耐热杯中（奶泡仍留在锅中备用），然后放入❶的巧克力脆片冰激凌，使其浮在上面。最后再倒入奶泡，撒上肉桂粉，插好肉桂条。

朗姆酒风味的
葡萄香草冰激凌

顶部放上用蜂蜜与朗姆酒腌泡的多汁葡萄，香草冰激凌也变身为上等的甜点。清爽的薄荷叶是不可缺少的点缀。

材料（4人份）

香草冰激凌…400g，葡萄［巨峰或麝香葡萄（muscat）］…20粒

A 蜂蜜…1大勺，朗姆酒…适量，香草豆荚…1/2根，薄荷…少许

做法

❶ 冰激凌室温放置到变得稍软，盛入玻璃杯中放入冰箱冷冻室使其凝固。

❷ 葡萄切成两半、去籽。与A的所有材料混合浸泡片刻，然后放在❶的冰激凌表面。

要点和建议　Point & Advice

- ★ 作为主菜的红酒杂豆炖牛肉放在架子上会很醒目，成为搭配中的主角。
- ★ 多个带盖子的白瓷小锅横向排列，给人一种利落整齐的印象。
- ★ 有小苹果饰物的细长盘子挨着白瓷小锅放置在桌子中央，强调中央的线条感。

自由分取的西式炖杂烩

或大或小的珐琅铸铁锅组合搭配，让人有种温暖的感觉。客人打开锅盖的瞬间会有兴奋感和期待感，就餐气氛就此热烈起来。

食单 Menu

- 两种熟酱（猪肉酱和蘑菇酱）
- 烤甜椒菊苣配腌鳀鱼
- 尼斯沙拉（salade niçoise）
- 红酒杂豆炖牛肉
- 干果蜂蜜奶酪锅
- 法式软心巧克力挞

准备顺序

前一天

先制作两种熟酱和烤甜椒菊苣配腌鳀鱼。红酒杂豆炖牛肉的牛肉先浸泡在红酒中。

当天

红酒杂豆炖牛肉要配合客人来访的时间开始炖煮。其他的料理制作完成并摆盘。先准备好尼斯沙拉的蔬菜和调味汁，在上菜前拌匀装盘。

与大家分享热乎乎的炖杂烩料理，是寒冷季节里的暖暖幸福

松软热乎、浓稠口感的炖杂烩，让身体内部都温暖起来。根据喜好加入油炸红葱头，给已经很棒的口感来上点睛一笔。

为每位客人安排一个小的珐琅铸铁锅作为餐具。带盖子的双耳迷你锅，像这样当餐具使用有别样的趣味。

小菜放入有盖子的白瓷小锅中，排列在客人面前

打开排列在眼前的小锅的盖子，就能看到浓郁醇香的猪肉酱与口味温和的蘑菇酱这两种熟酱。用法棍蘸取、搭配着红酒慢慢品尝享受吧。色彩丰富的腌渍小菜，盛放在玻璃小盅中。

吃了一阵炖杂烩料理后，以爽脆的沙拉来变换口味

在享用过热乎乎的炖杂烩之后，来份清爽口感的沙拉是个不错的选择。蔬菜和法式油醋汁先备好放入冰箱冷藏，食用前只是拌一下就能立刻上桌。放入鳀鱼和金枪鱼的浓厚调味汁，有着不输于炖杂烩的口感冲击力。

用珐琅铸铁锅装盘，即使餐会开始时就摆上餐桌，客人也不会留意到奶酪的气味

即使预先准备好了饭后要吃的奶酪，也会有不小心忘记的情况。为避免这种失误，一开始就将奶酪放入珐琅铸铁锅端上桌。这样在室温下放置着奶酪会变得柔软，而且盖上盖子也不会有任何气味，真是绝妙的搭配。

浓郁的巧克力挞搭配酸味的树莓

挞皮与中间的软心采用几乎一样的材料、做法而制成的不可思议的甜点。边端上桌边说明制作过程，轻松创造供客人讨论的新话题。

两种熟酱（猪肉酱和蘑菇酱）烤甜椒菊苣配腌鳀鱼

材料（4 人份）

［两种熟酱（猪肉酱和蘑菇酱）］

猪肉酱 猪五花肉…1 块（350g），洋葱…1/2 个，白葡萄酒…150g，香料束（芹菜、水芹茎、月桂叶、迷迭香各适量，用结实的线绑成一束放入汤料包内）…1 个，盐…1/2 小勺，胡椒粉…适量，橄榄油…少许，A（苹果汁…100mL、玉米淀粉 1 小勺、白出汁 1/2 小勺），装饰用迷迭香、苹果块、肉桂粉…各适量

蘑菇酱 蟹味菇、灰树花菇、杏鲍菇…共 200g，白葡萄酒…70mL，鲜奶油…70mL，迷迭香…5cm，盐…1/2 小勺，柠檬汁（可按喜好调整用量）…适量，胡椒粉…适量，黄油…7g，装饰用蘑菇（个人喜欢的种类）、迷迭香…各适量

（烤甜椒菊苣配腌鳀鱼）

甜椒…2 个，比利时菊苣（详见 P46“调味小芋头和盐渍三文鱼鱼子”）…2 个

腌鳀鱼 鳀鱼(罐头)…3 片,大蒜(磨成泥）…1/4 小勺，醋…1 大勺，橄榄油…2 大勺，刺山柑（capers）…1 小勺，龙蒿（切碎）…1/2 大勺

做法

［两种熟酱（猪肉酱和蘑菇酱）］

❶ 制作猪肉酱。猪五花肉切成 2cm 宽的长条，放入能盖住肉的冷水（分量外）中，煮至水沸汆一下。洋葱切成薄片。

❷ 在锅里倒入橄榄油中火加热，放入❶的猪五花肉翻炒至均匀挂油。放入洋葱、盐、胡椒粉继续翻炒，洋葱变软后放入白葡萄酒和香料束。在此过程中水少时可加足够的水，煮 2h，然后取出香草束。

❸ 把猪五花肉取出用叉子拆散。留下 100mL 的煮汁备用。

❹ 煮汁放入大碗中隔冰水冷却，加入❸的猪五花肉，搅拌至脂肪凝固、紧致。边试味道边加盐、胡椒粉来调整。

❺ 把 A 的所有材料倒入锅内搅拌，一旦煮开就马上关火，搁置冷却。

❻ 把❹的猪肉放入白瓷小锅中，倒入❺的调味汁，以迷迭香、苹果块做装饰，撒上肉桂粉。

❼ 制作蘑菇酱。蟹味菇、灰树花菇、杏鲍菇切碎（也可使用食物料理机）。将迷迭香的叶子摘下并切碎。

❽ 在平底锅内放入黄油大火加热，等黄油熔化后加入❼的材料，马上撒盐并翻炒。装饰用蘑菇也一起放入翻炒。最后加入白葡萄酒，继续煮至汤汁基本收干。

❾ 取出装饰用蘑菇，锅中倒入鲜奶油，继续煮至汤汁收干。最后加胡椒粉后关火，根据喜好添加柠檬汁。盛入白瓷小锅中，以装饰用蘑菇和迷迭香装饰。

（烤甜椒菊苣配腌鳀鱼）

❶ 甜椒架在烤网上烤至外皮全部变焦黄。浸水剥掉外皮，切成容易入口的大小。比利时菊苣纵向对切，架在烤网上烤至轻微变色，每半个再 3 等分切开。

❷ 鳀鱼切碎放入大碗中，加入腌鳀鱼的其他材料混合拌匀后静置片刻。再加入❶的甜椒和比利时菊苣拌匀，装盘。

红酒杂豆炖牛肉

材料（4 人份）

大块牛肉（炖煮用）…600g，综合豆子（罐头）…1 罐（300g），博诺莱红葡萄酒（Beaujolais）…1 瓶，番茄…2 个，洋葱…1 个，培根…4 片，大蒜…2 瓣，低筋面粉…1 大勺，番茄膏（tomato paste）…1 大勺，月桂叶…3 片，白出汁…1 大勺，盐、胡椒粉…各适量，黄油…30g，色拉油…2 大勺，小洋葱、油炸红葱头（可按喜好选用。“红葱头”介绍详见 P40“红酒意大利烩饭可乐饼”）…各适量

做法

❶ 大块牛肉切成边长 4cm 的方块，多撒些盐、胡椒粉后按揉牛肉使入味。再把牛肉放入大碗内，倒入博诺莱红葡萄酒，包好保鲜膜放入冰箱冷藏约 12h。

❷ 番茄泡热水去皮，然后切成大块。洋葱、大蒜、培根分别切碎。

❸ 在锅里放入黄油和色拉油中火加热，放入已沥干红酒汁水的牛肉充分翻炒。然后把牛肉从锅内取出。

❹ 在❸的锅里放入培根、洋葱、大蒜慢慢翻炒。洋葱变成焦糖色后再把❸的牛肉倒入锅中，撒上低筋面粉后继续翻炒。

❺ 把❶中用来浸泡牛肉的红酒汁水全部加入锅中，然后放入番茄、番茄膏、月桂叶、沥干水的综合豆子，若喜欢可加入小洋葱，慢火炖煮 1.5~2h。

❻ 边试吃边加盐、胡椒粉、白出汁来调整味道。盛入小珐琅铸铁锅中，若喜欢可再放上油炸红葱头。

尼斯沙拉

材料（4 人份）

鸡蛋…4 个，红叶生菜…1/2 个，樱桃番茄…8 个，四季豆…10~12 根，橄榄（黑、绿）…各 5 个，碎帕玛森奶酪（Parmesan）…适量

法式油醋汁（容易做的分量） 旗牌经典黄芥末酱…25g，白葡萄酒醋…20mL，葡萄籽油…100mL，盐…1/2 小勺，胡椒粉…适量

沙拉调味汁 法式油醋汁（做法见❷）…50mL，金枪鱼（罐头）…80g，鳀鱼（罐头）…1 片，大蒜…1/2 瓣，碎帕玛森奶酪…5g

做法

❶ 鸡蛋用水煮熟，剥皮后切成大块。红叶生菜洗净沥干水，撕成一口大小。樱桃番茄 4 个对半切开，另 4 个切成边长 1cm 的小块。四季豆用盐水煮过后浸入冰水中，然后沥干水。橄榄切成薄片。

❷ 制作法式油醋汁。旗牌经典黄芥末酱、白葡萄酒醋、盐放入大碗内充分搅拌均匀，葡萄籽油从高处呈线形慢慢倒入碗内，搅拌至糊状。撒上胡椒粉。

❸ 制作沙拉调味汁。金枪鱼沥干水。大蒜切碎。在较大的碗内放入鳀鱼并捣碎，加入❷的法式油醋汁和金枪鱼、大蒜、碎帕玛森奶酪后拌匀。

❹ 在❸的碗中放入❶的樱桃番茄、鸡蛋、四季豆，搅拌均匀。

❺ 再加入红叶生菜、橄榄，快速混合一下盛入盘中，撒上碎帕玛森奶酪。

干果蜂蜜奶酪锅

材料（4 人份）

奶酪［可按喜好选用布里（Brie）、孔泰（Comté）、艾伯歇斯（Époisses de Bourgogne）、洛克福（Roquefort）等品种］…各适量，带梗的干葡萄…1 串，干杏、干无花果…各 3~4 个，核桃…5~6 瓣，蜂蜜…适量，装饰用一叶兰＊叶子…1 片，装饰用百里香…适量

做法

在锅内铺上一叶兰叶子，然后摆好各种奶酪与干果。核桃、蜂蜜用小碟盛好放进去。最后用百里香装饰。

＊一叶兰，又称为蜘蛛抱蛋，常绿观叶植物。也可用其他宽大的绿叶代替。

Point

在珐琅铸铁锅内铺一叶兰叶子，中间放置盛放蜂蜜的小碟。然后从香味较淡的奶酪开始以顺时针的方向依次排放。

在奶酪的空隙摆放干无花果、干杏等。

法式软心巧克力挞

材料（直径 12cm 的挞模 3 个，或直径 20cm 的挞模 1 个）

甜点专用巧克力…65g+65g，黄油（无盐）…50g+50g，低筋面粉…少许，细砂糖…45g+45g，蛋黄…2个+2个，蛋白…2个+2个，朗姆酒…2 小勺，装饰用可可粉、糖粉、树莓、薄荷叶…各适量

做法

❶ 烤箱预热至 180℃。甜点专用巧克力切碎。挞模里薄薄地涂上一层黄油（分量外），拍上低筋面粉，在底部铺好烘焙专用油纸，放入冰箱冷藏。

❷ 在小碗内放入巧克力 65g 和黄油 50g，隔热水搅拌至熔化，巧克力液温度降至近似人体皮肤温度时放入蛋黄 2 个并搅拌均匀。

❸ 在另一个大碗内放入蛋白 2 个和细砂糖 45g，用打蛋器打至硬性发泡。

❹ 分 3 次在❷的碗内加入❸的蛋白霜，每次混合时都不要过度搅拌以免消泡。

❺ 在❶的模具中倒入❹的材料，180℃烤 15min。略降温后脱模，继续冷却。

❻ 重复❶~❹的操作制作巧克力蛋白糊，加入朗姆酒混合搅拌。拌匀后倒在❺中烤好的挞皮上，放入冰箱冷藏使其凝固。食用前用筛网筛上可可粉和糖粉，装饰上树莓。还可以再取一只玻璃杯，放入树莓和薄荷叶摆在旁边。

专栏

客人来早了也能够立即端出，轻松拈起即可享用的风味坚果

能够让先到的客人轻松享用的坚果。即便保持原味也很美味，但是偶尔尝试着花些心思准备一些具有特殊风味的坚果，岂不更好？放入带有盖子的双耳小锅内，打开盖子就会收获惊喜。

绿咖喱味

有着鱼露的浓郁咸味，是最适合用来做下酒菜的坚果。入口之后绿咖喱的风味一下子蔓延开来。

材料（4人份）
坚果（大杏仁、夏威夷果、腰果等）…共100g，砂糖…1大勺，白芝麻…1大勺
A 绿咖喱膏、鱼露…各1/2小勺，清酒…3大勺

做法
先把A的所有材料混合。平底锅内倒入砂糖，中火加热至砂糖熔化且由茶色变成金黄色。加入坚果快速搅拌，然后放入混好的A的所有材料翻拌均匀。关火撒上白芝麻。

抹茶枫糖味

枫糖浆的微甜与抹茶的微苦是绝妙的搭配。一定要用与甜味相配的核桃或夏威夷果。

材料（4人份）
坚果（夏威夷果、核桃等）…共100g，砂糖、枫糖浆…各1大勺，抹茶粉…1小勺，盐…少许

做法
在平底锅内放入砂糖，中火加热至砂糖熔化且由茶色变成金黄色。加入坚果快速搅拌，再加入枫糖浆拌匀。关火将坚果取出摊开在铁盘里，撒盐和抹茶粉。

甜辣酱油味

让人想起煎饼的味道，酱油和味淋的甜咸口感，让人忍不住再伸手拿一个。七味唐辛子的刺激辣味也是关键。

材料（4人份）
坚果（大杏仁、腰果等）…共100g，味淋、酱油…各1大勺，七味唐辛子…1/4小勺

做法
在锅里倒入味淋、酱油中火加热，煮至沸腾后加入坚果快速搅拌。关火将坚果取出摊开在铁盘里，晾干后撒上七味唐辛子。

要点和建议 Point & Advice

- ★ 料理全部放在托盘中分割出各自的空间，让餐桌显得整齐利落。
- ★ 容易给人沉重印象的漆艺餐盒，与放在木托盘上的玻璃餐具组合在一起，显得轻快闲适。
- ★ 容易洒出来的汤品分别盛于各人碗中更简单方便。

漆艺餐盒让亚洲料理更显别致

主要使用漆艺类和玻璃类的餐具进行摆盘，能让亚洲料理更显档次。再搭配上白色的桌布，营造如同置身高级餐厅的氛围。

准备顺序

前一天

沙拉用的白萝卜先处理好。做好普洱茶牛奶布丁。

当天

制作剩下的料理并按照顺序摆盘。山椒香西柚白萝卜沙拉在摆盘之前先冷藏。帆立贝酸辣汤在装盘之前重新温热。意大利香醋咕咾肉摆盘后容易散开，所以最后再摆盘。

食单 Menu

- 甘酢生姜辣油皮蛋豆腐
- 意大利香醋咕咾肉
- 帆立贝酸辣汤
- 山椒香西柚白萝卜沙拉
- 杜兰小麦粉裹炸乌贼须和秋葵
- 意式培根风味山珍糯米饭
- 普洱茶牛奶布丁配八角风味哈密瓜球

色彩亮丽的蔬菜用模具切出各种形状，搭配咕咾肉来个华丽的变身

盘子里先铺满炸粉丝，其上摆放咕咾肉形成一定高度。红、黄两色的甜椒，盘子边缘的毛豆，为料理添加几笔丰富的色彩。被浓郁酱汁包裹着的柔嫩的猪肉，搭配脆脆的粉丝，丰富口感带来多重享受。

食材众多的汤品，满满地盛放在简单的餐具中

帆立贝、竹笋、豆腐、香菇……食材众多的汤品，哪怕用简单的餐具盛放也有着超强的存在感。预先盖好盖子，由客人来打开，也是个不错的点子。些微酸酸的味道会让人越吃越上瘾呢。

形成一定高度的装饰，让小料理也可以有华丽的光环

要让容易变得土气的颜色单调的料理能华丽登场，要靠最后的装饰来点睛。山椒香西柚白萝卜沙拉最后放上西柚作为装饰。甘酢生姜辣油皮蛋豆腐里插入炸馄饨皮作为装饰，吃起来脆脆的口感也会受到大家的欢迎。

把餐盒当成普通的餐具，这样摆盘才会变得更加自由

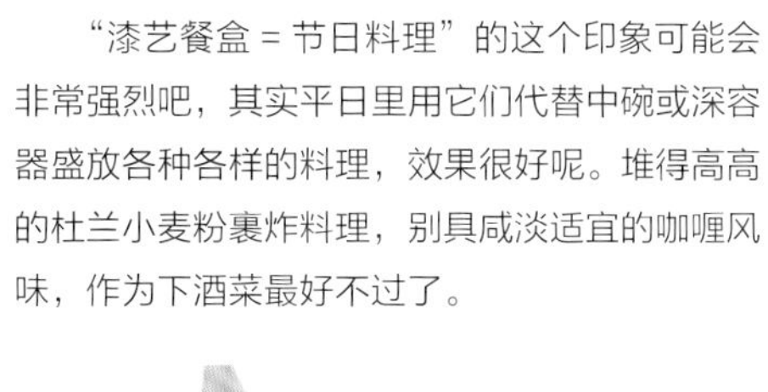

“漆艺餐盒 = 节日料理”的这个印象可能会非常强烈吧，其实平日里用它们代替中碗或深容器盛放各种各样的料理，效果很好呢。堆得高高的杜兰小麦粉裹炸料理，别具咸淡适宜的咖喱风味，作为下酒菜最好不过了。

底部铺好一叶兰叶子后再装入糯米饭，这样不仅可丰富色彩，还可避免餐盒沾上饭粒，而且客人也更易拿取。意式培根的风味搭配八角的香气，西式风与中式风融合出了不可思议的美味。

哈密瓜挖成球状，圆滚滚地堆在一起

烟熏感茶色系的布丁，白色与茶色混搭出优雅成人感，作为整场餐会的收尾甜点再合适不过。哈密瓜浸泡在散发着淡淡香味的八角糖浆中，配合普洱茶牛奶布丁的微苦组成绝妙的口感，即使肚子已经饱了也还是可以吸溜一下吃完。

甘酢生姜辣油皮蛋豆腐

材料（4人份）

日本木棉豆腐（可用北豆腐、老豆腐代替）…200g，皮蛋…1个，馄饨皮…2片，炸物专用油…适量

A 辣油…1小勺，盐…近1/2小勺，甘酢生姜*（切碎）…1大勺，青柠汁…少许

做法

❶ 日本木棉豆腐用厨房用纸包好，压上重物搁置约1h充分沥干水。

❷ 将皮蛋蛋黄和蛋白分开，蛋白切碎末，蛋黄放入大碗中用捣碎器捣碎。蛋黄内放入A的所有材料搅拌均匀，加入❶的日本木棉豆腐，继续一边用捣碎器压碎一边拌匀。

❸ 皮蛋的蛋白部分加入少许辣油（分量外）混匀。

❹ 锅内放入炸物专用油，加热到中等温度，然后把馄饨皮炸至金黄色。

❺ 将❷中混好的蛋黄豆腐用勺子整成橄榄球形，盛入瓷汤勺内，表面放上❸的蛋白，再插上馄饨皮作为装饰。

* 甘酢生姜，也叫寿司姜片。

Point

蛋黄豆腐放在勺子上，用另一只勺子一边按压一边整成橄榄球形。

意大利香醋咕咾肉

材料（4人份）

猪里脊…500g，甜椒（红、黄）…各1/2个，粉丝、毛豆（水煮后去掉豆荚）…各适量，水溶太白粉…水1大勺＋太白粉1大勺，芝麻油…1大勺，低筋面粉、盐、胡椒粉、炸物专用油…各适量

A 砂糖…5大勺，意大利香醋（详见P31“牛排沙拉配香醋酱汁”）、中式高汤（按照提示分量预先将中式高汤浓缩颗粒在开水中溶化）…各4大勺，黑醋、酱油…各2大勺，色拉油…1大勺，盐…少许

做法

❶ 甜椒用模子切成好看的形状。猪里脊斜切成薄片，涂盐、胡椒粉和薄薄一层低筋面粉。

❷ 在锅内放入炸物专用油加热至180℃，甜椒、粉丝分别素炸。猪里脊也炸透，放在厨房用纸上沥干油。

❸ 将A的所有材料放入锅内大火烧开，然后加入水溶太白粉搅拌均匀，关火。倒入炸好的猪里脊拌匀，再次开火稍稍煮一下，最后在锅中倒上一圈芝麻油。

❹ 先在盘子内铺上素炸的粉丝，然后放上❸的猪里脊、甜椒，加上毛豆作为点缀。

Point

颜色老气的咕咾肉，装饰上甜椒后变得鲜活起来。为了保留原色彩，不蘸酱汁直接素炸就可以了。

帆立贝酸辣汤

材料（4人份）

水…600mL，牛肉高汤素（参考右下图）…10g（1袋），豆腐…半块，竹笋（水煮）…40g，干香菇……3片（水泡发），帆立贝*贝柱（新鲜）…4个，粉丝…40g（热水泡发），鸡蛋…1个，枸杞子…适量，水溶太白粉…太白粉2大勺＋水2大勺

A 酱油…$1\frac{1}{2}$大勺，醋、辣油、陈年老酒（可用绍兴酒或者清酒代替）…各1/2大勺，盐…1/2小勺，白胡椒粉…适量

做法

❶ 豆腐切成边长2cm的块。竹笋和发好的干香菇均切成一口大小。锅内放入水（600mL）、牛肉高汤素和干香菇中火加热，煮约10min。

❷ 在❶的锅内放入竹笋、帆立贝贝柱、豆腐，再加入A的所有材料。

❸ 放入热水泡发的粉丝，用水溶太白粉勾芡。加入打散的鸡蛋，关火后放少许辣油（分量外）。将汤盛入碗中，以枸杞子装饰。

颗粒状的牛肉高汤素（カムチミ）。用它可制作出口感清爽的牛肉高汤，用于亚洲料理或西式料理都很美味。

* 帆立贝（Japanese scallop），此处可用常见扇贝代替。

山椒香西柚白萝卜沙拉

材料（4 人份）

白萝卜…1/4 根，西柚…1/2 个，蛋黄酱…1 大勺，山椒（Japanese pepper）粉…1/4 小勺，橄榄油…1 大勺，柠檬汁…1/2 大勺，盐…少许，山椒粒…少许

做法

❶ 白萝卜的 2/3 切成截面为正方形的长条，剩下的磨成泥。长条状的白萝卜排放在铁盘中，撒少许盐静置约 15min。然后用水把盐冲净，用厨房用纸仔细吸干水。

❷ 大碗内加入蛋黄酱和山椒粉充分拌匀，再加入橄榄油、柠檬汁继续拌匀。最后加入绞干汁水的白萝卜泥，混合搅拌均匀。

❸ 西柚剥去外皮切成一口大小，留下少许装饰用。将❶的长条状白萝卜和西柚一起放入❷的大碗中拌匀。如果觉得味道太淡可以加盐调味。然后装入杯子，以西柚和山椒粒装饰。

杜兰小麦粉裹炸乌贼须和秋葵

材料（4 人份）

乌贼须…200g，秋葵…20 根，蛋白…2 个，杜兰小麦粉*…适量，咖喱粉…1 小勺，盐…近 1/2 小勺，炸物专用油…适量，青柠…1/4 个

做法

❶ 秋葵去掉花萼，纵向斜切成两半。乌贼须切成和秋葵同样的大小，用厨房用纸吸干水。

❷ 把秋葵和乌贼须涂满蛋白放入大碗中，均匀地裹上杜兰小麦粉。

❸ 锅内倒入炸物专用油加热至 180℃，然后将秋葵和乌贼须炸至面衣稍变金黄色。

❹ 咖喱粉与盐混合均匀，撒在秋葵和乌贼须的表面，盛入餐盒内。青柠切成月牙形也放进餐盒。

＊杜兰小麦（durum）也称为硬粒小麦，是质地最硬的小麦品种。其磨制的杜兰小麦粉（semolina），颗粒比普通面粉粗。此处也可用普通面粉代替。

意式培根风味山珍糯米饭

材料（4 人份）

白米、糯米…共450g（白米300g、糯米150g），杏鲍菇…2根，干香菇…3片（水泡发），紫萁（若无可用蕨菜代替）…50g，意式培根*（pancetta）…100g，八角…2个，酱油鹌鹑蛋［用以1（酱油）:1（味淋）的比例调和的煮汁来煮鹌鹑蛋］、香菜…各适量

A 大蒜…1 瓣（磨成泥），酱油、清酒…各 2 大勺，鱼露…1~2 小勺，砂糖…1/2 大勺，盐…1/2 小勺

做法

❶ 先将米浸泡水中吸饱水分。紫萁切成容易食用的长度。杏鲍菇、水泡发的干香菇切成一口大小。意式培根切成边长 1cm 的小块。

❷ 在平底锅内放入意式培根，小火慢炒至油脂渗出。

❸ 在❷的锅内放入紫萁、杏鲍菇、干香菇、八角，翻炒 1~2 min 后加入 A 的所有材料调味。

❹ 在电饭锅内放入米，米上铺满❸的食材，倒入比对应 450g 米的刻度稍少一些的水（分量外），然后开始煮。煮好后盛入餐盒内，加入酱油鹌鹑蛋和香菜。

＊意式培根（pancetta）与培根（bacon）的最大区别在于，bacon腌制完成后一般要烟熏，而pancetta一般不烟熏。若买不到意式培根，也可用培根代替。

普洱茶牛奶布丁配八角风味哈密瓜球

材料（4 人份）

哈密瓜…1/2 个，普洱茶叶…20g，水…700mL，牛奶…150mL，鲜奶油…100mL，细砂糖…80g，吉利丁片…13g，枸杞子…4 粒

糖浆 普洱茶叶…7g，水…400mL，细砂糖…50g，荔枝味利口酒…1 大勺，八角…2 个

做法

❶ 糖浆的所有材料放入锅内中火加热，细砂糖溶化后关火，静置冷却。哈密瓜去籽，挖成易食用大小的球状，与糖浆的所有材料混合拌匀腌渍。放入冰箱冷藏约 12 h。

❷ 锅内放入水（分量内），烧至沸腾时放入普洱茶叶，转小火煮 3 min。加入细砂糖，溶化后焖 5 min。取出茶叶。

❸ 吉利丁片放入水（分量外）中软化。❷的锅中倒入牛奶和鲜奶油，再次煮沸后放入软化的吉利丁片，关火搅拌。吉利丁片充分溶化后将汤汁倒入杯中，放入冰箱冷藏约 12 h 使其凝固。

❹ 杯子从冰箱中取出，放入❶的哈密瓜和糖浆。以枸杞子装饰。

专栏

用牛肉高汤素做的款待佳肴

P62的『帆立贝酸辣汤』，使用了韩式料理中经常用到的颗粒状牛肉高汤素，不论是将其运用于亚洲料理还是西式料理中，均可得到绝佳的味道。现在就来推荐几个食谱给大家吧。

芜菁炖牛肉

用芜菁来代替常见的土豆炖牛肉中的土豆，以颗粒状牛肉高汤素来调味。白色的芜菁，配合牛肉高汤清爽的味道，款待佳肴就这样完成了。

材料（4人份）

芜菁（turnip）…3个，牛肉…200g，白蟹味菇…1袋，魔芋丝…180g，小绿椒*（不辣）…8根，白果…适量，白萝卜、胡萝卜（用模具切好形状）…各适量，生姜…1/4片，砂糖…1大勺，清酒…3大勺，水…600mL，牛肉高汤素…10g（1袋），白出汁…1大勺，芝麻油…1小勺，日本柚子**皮（切碎末）…适量

做法

❶ 芜菁削皮切成月牙形。白蟹味菇掰开。魔芋丝切成容易入口的长度。生姜切碎末。

❷ 小绿椒和白果用适量的芝麻油（分量外）翻炒，炒出香味后取出小绿椒和白果。转中火，原锅中加入芝麻油（分量内），放入生姜翻炒，炒出香味后放入牛肉继续翻炒。牛肉变色断生后依序分次加入砂糖、清酒、水和牛肉高汤素，每放一次调料都要搅拌均匀，最后加入芜菁、魔芋丝、白萝卜和胡萝卜。煮开之后撇去浮沫，加入白出汁和白蟹味菇，煮约5min至芜菁变软。

❸ 盛入盘中，加上小绿椒、白果和日本柚子皮。

* 原书此处选用的是狮子唐（ししとう），日本一种不辣的小绿椒。可用杭椒代替。

** 日本柚子即中国的香橙（*Citrus junos*），并非常说的大柚子。在日、韩语中被称为柚子（“ユズ”“유자”），常用来制作柚子蜂蜜茶、柚子胡椒等。

蔬菜意大利面

有着色彩缤纷的蔬菜的简单的意大利面，一直是款待宾客的首选。难以把握味道的咸味意大利面，也可以轻松地使用牛肉高汤素来调整味道。

材料（4人份）

极细意大利面150g，花菜…260g，西葫芦…200g，番茄（中等大小）…2个，芹菜…60g，大蒜…1瓣，白葡萄酒…100mL，牛肉高汤素…10g（1袋），酱油…1小勺，红辣椒…1根，意大利欧芹（切碎）、黑胡椒粉…各适量，橄榄油……2大勺+2大勺

做法

❶ 将花菜的冠与茎分开。西葫芦切成半月形。番茄4等分。芹菜滚刀切小块。大蒜切碎。红辣椒去籽。极细意大利面在加了盐的热水中煮，比包装袋上的提示时间少1min时捞起。

❷ 平底锅内倒入2大勺橄榄油小火加热，放入大蒜和红辣椒翻炒。大蒜开始变色后加入芹菜和西葫芦一起翻炒，倒入白葡萄酒炒至酒精完全挥发。最后倒入番茄和煮极细意大利面的热水200mL，再加入牛肉高汤素，转大火稍微炖煮一下。

❸ ❷的锅内继续放入极细意大利面、花菜、酱油、2大勺橄榄油，一边晃动锅子一边混合搅拌锅内的食材，至汤汁变得浓稠即可盛盘。撒上意大利欧芹和黑胡椒粉。

要点和建议　Point & Advice

- ★ 单独盛放的料理组合起来放在大托盘上，更易区分不同的种类。
- ★ 比较低矮的咸派和蛋糕等盛放在有立脚的容器中形成一定高度，让餐桌显得错落有致。
- ★ 以红色为主色，料理中香草和生菜的绿色作为对比色。

把客人带来的料理以可爱小巧的形式呈现

适合一点点慢慢品尝的百乐派对（potluck party），客人带来的各种食物分开摆放好，大家都随性地站着取食。单手拿着自己喜欢的食物自由地走动，聊天的气氛越来越热烈。

准备顺序

前一天

鹰嘴豆火腿沙拉、牛蒡无花果咸派、柠檬蛋糕和格雷伯爵茶蛋糕提前做好。

当天

制作剩下的料理并摆盘。墨西哥牛油果沙拉容易变干，所以最后再装盘。

食单 Menu

- 鹰嘴豆火腿沙拉
- 布里奶酪（Brie）萨拉米肠春卷
- 橙汁炒鸡肉腰果生菜卷
- 墨西哥牛油果沙拉（guacamole）、秘鲁鱼生（ceviche）和迷你面包
- 牛蒡无花果咸派
- 柠檬蛋糕和格雷伯爵茶蛋糕

料理分别盛入小的玻璃杯和瓷杯中递给客人

布里奶酪萨拉米肠春卷与蒜香番茄沙司用的酱汁都放在托盘上，鹰嘴豆火腿沙拉就直接摆在餐桌上，不同种类的料理就非常容易区分了。新鲜的蒜香番茄沙司配上布里奶酪萨拉米肠春卷，吃起来非常爽口。鹰嘴豆火腿沙拉中菠萝与火腿的甜咸搭配让人回味无穷。

作为秘鲁、墨西哥等地代表菜的秘鲁鱼生和墨西哥牛油果沙拉，装饰上小辣椒和切片青柠，呈现出一种拉丁风情。用青柠腌泡的清爽鱼生，香菜的气味是其亮点；而充分调和咸味的墨西哥牛油果沙拉，特别推荐与清酒一起享用，当然也可配上面包。

炒鸡肉和腰果直接用生菜卷着吃

让客人自行拿取的摆盘方式，如果是立食形式就要多花点心思了。炒鸡肉和腰果直接用生菜卷着吃，就不会弄脏取菜盘。炒鸡肉和腰果加上橙子的香气与酸味，立刻变身为一道华丽的菜品。

圆圆的咸派和长长的蛋糕，可爱的外表令人心情愉悦

圆圆的咸派和长长的蛋糕，随意组合在一起也能感觉到魅力，直接摆放于盘中就能成为一幅画。如果是放在有立脚的托盘中，则更容易吸引客人的目光。而分切的工作，还可以交给取用的客人。不管是清爽的柠檬皮，还是格雷伯爵茶粉，都非常适合用在蛋糕中。

好像要纷纷飞起的无花果看起来有趣而可爱，用来提味的白出汁让牛蒡与蛋奶液的味道完美融合，这是稍稍有些和风味道的咸派。

小饰物和餐具可以集中选用以红色为主色的。相同主色的物品，即便是材质不同，组合在一起也丝毫没有违和感。

墨西哥牛油果沙拉、秘鲁鱼生和迷你面包

材料（容易做的分量）

迷你面包…适量

墨西哥牛油果沙拉 牛油果…1个，番茄、柿子椒…各1/2个，洋葱…1/4个，大蒜…少许，意大利欧芹、香菜…各适量，橄榄油…1大勺，盐…1/4小勺，塔巴斯哥辣酱（Tabasco）、胡椒粉…各少许，青柠…适量

秘鲁鱼生* 小海虾（煮好）、白肉鱼**（刺身用）、熟章鱼…各100g，芹菜…1/2根，香菜…5根，柠檬香茅（新鲜）…3根，青柠…1/4个，**A**（盐1/2小勺，胡椒粉适量，白出汁1/2小勺，橄榄油1~2大勺），装饰用小辣椒…少许

做法

❶ 制作墨西哥牛油果沙拉。牛油果去皮和籽，用捣碎器捣碎，挤入青柠汁防止变色。

❷ 番茄、柿子椒、洋葱、香菜、意大利欧芹切碎，加入盐、胡椒粉、磨成泥的大蒜搅拌均匀。

❸ ❶的牛油果里加入❷的材料、橄榄油、塔巴斯哥辣酱后拌匀，放入玻璃杯内。青柠切成扇形用扦子穿好，横放在杯口。

❹ 制作秘鲁鱼生。白肉鱼斜切成薄片排放在铁盘中，挤上适量的青柠汁（分量外），在铁盘内放上柠檬香茅后用保鲜膜包裹好，放入冰箱冷藏12h。

❺ 芹菜从一端开始切成薄薄的片。香菜切碎末。

❻ 熟章鱼切成一口大小后放入大碗内，放入小海虾、❹和❺的材料，再加入A的所有材料调拌均匀。青柠（分量内）挤汁滴入碗中，然后连青柠皮一起混合搅拌，放入冰箱冷藏2~3h使入味。最后取出柠檬香茅和青柠皮，其他材料盛入玻璃杯中，表面放上装饰用小辣椒。墨西哥牛油果沙拉、秘鲁鱼生和迷你面包一起享用。

* 秘鲁鱼生（ceviche）是源于秘鲁的一道料理，多用酸味的汁腌制鱼肉等海鲜而制成。

** 白肉鱼（白身鱼，しろみざかな）泛指肉为白色的鱼类，如鲈鱼、鳕鱼、真鲷、鲽鱼、鲳鱼、比目鱼等。做刺身可选择真鲷、比目鱼。与白肉鱼对应的红肉鱼（赤身鱼），则指肉为红色的鱼，如金枪鱼、三文鱼、鲣鱼、鲭鱼等。

鹰嘴豆火腿沙拉 布里奶酪萨拉米肠春卷

材料（容易做的分量）

（鹰嘴豆火腿沙拉）

鹰嘴豆（水煮罐头）…1罐，火腿（块）…150g，菠萝…100g，砂糖…2小勺，酱油…少许，薄荷叶…少许

调味汁 洋葱…1/4个，白葡萄酒醋、色拉油、橄榄油…各30mL，黄芥末酱（选辣味重的品种）…1小勺多点，盐、蜂蜜…各1/2小勺，胡椒粉…适量

（布里奶酪萨拉米肠春卷）

布里奶酪（Brie）…100g，软萨拉米肠…50g，春卷皮…8张，炸物专用油、罗勒（新鲜）…各适量，装饰用红尖椒…适量

蒜香番茄沙司 番茄（小）…3个，番茄干…2片，大蒜…1瓣，红辣椒…1根，迷迭香叶（新鲜）…5枝，柠檬汁…1大勺，白出汁…1/2小勺，盐、胡椒粉…各适量，橄榄油…70mL

做法

（鹰嘴豆火腿沙拉）

❶ 沸水中放入已经沥干水的鹰嘴豆，再次煮沸时用笊篱捞起沥干水。

❷ 火腿、菠萝切成边长1cm的块。留少许装饰用。

❸ 平底锅内放入砂糖，中火加热至呈焦糖状。转小火，放入菠萝和火腿拌炒均匀，加酱油调味。

❹ 制作调味汁。洋葱切碎末放入大碗内，加入调味汁其他材料拌匀。

❺ 在❹的大碗中再加入❸的食材拌匀，放入冰箱冷藏室充分冷却。然后盛入杯中，用扦子穿好装饰用的菠萝、火腿，放在杯口上。最后放上薄荷叶装饰。

Point

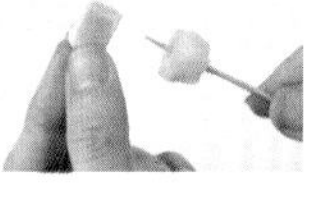

装饰用的菠萝和火腿不用炒颜色就已经很漂亮了。用可爱的扦子穿起来也很有趣。

（布里奶酪萨拉米肠春卷）

❶ 制作蒜香番茄沙司。番茄8等分。番茄干、大蒜、迷迭香叶切碎。红辣椒去籽。

❷ 平底锅内倒入橄榄油、大蒜、红辣椒小火微炒。香味散发出来后加入番茄和番茄干，拌炒至变软。

❸ 放入迷迭香叶、柠檬汁、白出汁、盐、胡椒粉后关火，稍放凉后放入冰箱冷藏。

❹ 制作春卷。布里奶酪切成截面为边长1cm的方形的长棒，软萨拉米肠切成粗粒。用春卷皮把罗勒、软萨拉米肠、布里奶酪卷起来，取少许低筋面粉（分量外）加水混匀后粘好边缘，放入180℃的炸物专用油中炸。

❺ 将❸、❹的食材盛入杯子，以罗勒和装饰用红尖椒装饰。春卷蘸着蒜香番茄沙司一起享用。

橙汁炒鸡肉腰果生菜卷

材料（4人份）

鸡胸肉…1块（400g），腰果…100g，甜椒（橙色）…1/2个，生菜…1/2个，橙汁…150g，太白粉…1大勺，中式高汤浓缩颗粒…1/2小勺，砂糖…1小勺，白出汁（或酱油）…1小勺，盐…1/2小勺，胡椒粉…适量，色拉油…1大勺，香菜、装饰用小辣椒…各适量

做法

❶ 鸡胸肉斜切成一口大小的块，预先用盐、胡椒粉调味，均匀撒上太白粉。腰果煎烤至稍带金黄色。甜椒切成与腰果同等大小的片。

❷ 平底锅内倒入1/2大勺色拉油中火加热，放入鸡胸肉翻炒。鸡胸肉稍微变色之后捞出。

❸ 平底锅内再倒入1/2大勺色拉油大火加热，放入甜椒翻炒。然后把鸡胸肉再倒进去，加入橙汁煮至沸腾。放入中式高汤浓缩颗粒、砂糖、白出汁混匀，再倒入预先用橙汁（分量外）化开的太白粉（分量外），依喜好调节浓度勾芡。关火，加入腰果拌匀。盛入方碗中，旁边放置生菜、香菜和装饰用小辣椒。

柠檬蛋糕和格雷伯爵茶蛋糕

材料［5cm×25cm×6cm（深）的磅蛋糕模具1个］

牛奶…125mL，黄油…60g，色拉油…60mL，柠檬汁、柠檬皮（磨碎）…1个柠檬（分开），格雷伯爵茶粉…3g

A 低筋面粉…130g，玉米淀粉…2大勺，泡打粉…$1\frac{1}{2}$小勺，盐…1/4小勺

B 砂糖…160g，鸡蛋…2个，香草精…1小勺

装饰用 **柠檬浆**（水3大勺、细砂糖3大勺+$1\frac{1}{2}$小勺、柠檬皮1个），**糖浆核桃**（核桃20g、阿拉伯树胶糖浆1/2大勺、细砂糖5g），**糖霜**［糖粉70g、樱桃白兰地（kirsch）2大勺］，开心果…适量（切碎）

做法

❶ 将A的所有材料混合过筛。黄油预先熔化。烤箱预热至180℃。B的所有材料放入大碗中，用打蛋器打发约3min。加入熔化好的黄油、色拉油搅拌至有黏性，继续用打蛋器打发。最后加入过筛好的A的所有材料和牛奶，拌匀即为蛋糕液。把蛋糕液分成两份，一份中加入柠檬汁和柠檬皮，另一份中加入格雷伯爵茶粉，均拌匀。分别倒入磅蛋糕模具中，在180℃的烤箱内烤20min，略散热后从模具中取出放凉。

❷ 制作柠檬浆。柠檬皮去掉白色的部分后切成细丝，焯3次后沥干水。在锅内放入水（分量内）和3大勺细砂糖，中火加热至砂糖溶化，放入柠檬皮继续煮，水一煮开就立刻再放入$1\frac{1}{2}$小勺细砂糖，慢煮至水量减半。

❸ 制作糖浆核桃。烤箱预热至160℃。核桃用手碾碎，放入铺好烤盘纸的烤盘中。给核桃均匀浇上阿拉伯树胶糖浆和细砂糖，在160℃的烤箱中烤约15min，上色即烤好了。

❹ 制作糖霜。糖霜的全部材料倒入锅内并混匀，中火加热约2s。

❺ 在❶的柠檬蛋糕表面浇上柠檬浆的汁水，摆上柠檬皮细丝和开心果。格雷伯爵茶蛋糕表面浇上糖霜，摆上糖浆核桃。剩下的柠檬皮细丝放入玻璃杯中摆在一边。

牛蒡无花果咸派

材料（直径21cm的派盘1个）

派皮 A（低筋面粉85~90g、高筋面粉40g、盐1/2小勺、切成边长1cm块状的冻黄油80g），蛋黄…1个+少许，冷水…近1大勺

馅料 牛蒡（大）…1根，无花果…4个，喜欢的奶酪［可选格吕耶尔奶酪（Gruyère）等］…150g，大蒜…1瓣，马萨拉酒*…2大勺，出汁酱油（详见P24“核桃味噌烤饭团”）…2大勺，白出汁…2小勺，橄榄油…适量

蛋奶液 鸡蛋…2个，蛋黄…2个，牛奶…100mL，鲜奶油…150mL，七味唐辛子…1/4小勺，盐、白胡椒粉、黑胡椒粉…各适量

装饰用 百里香…适量

做法

❶ 制作派皮。A的所有材料放入食物料理机中，搅拌至呈粗粒状。蛋黄1个和冷水混合后加入食物料理机中，继续搅拌至呈团状，取出放在案板上。不断按压揉搓，做成派皮用的面团。用保鲜膜包好，放入冰箱冷藏室静置30min。

❷ 烤箱预热至220℃。将❶的面团擀成3mm厚的派皮，均匀铺在派盘中，用手仔细按压派皮，使其侧面和底面与派盘完全贴合。派皮底面用叉子插满气孔。放入烤箱内，温度下调至200℃烤派皮约15min。取出用刷子在派皮底面涂上少许蛋黄，再将烤箱温度设为220℃烤2~3min。

❸ 制作馅料。牛蒡纵向切成两半，再斜着削成薄片，浸入醋水（分量外）中。大蒜切碎末。在平底锅内倒入橄榄油，小火炒至大蒜稍稍变色，加入牛蒡，翻炒至所有材料混合均匀。倒入马萨拉酒，炒至牛蒡变软后加入出汁酱油、白出汁，煮至汤汁基本收干即可关火。

❹ 烤箱预热至200℃。无花果切成扇形［也可以将5的无花果横向对半切开，取上部用（见P66~67）］。在❷的派皮底面上将无花果、❸的材料、奶酪均匀排好，再将蛋奶液的所有材料混匀后倒入派皮中，烤箱设为180~200℃烤20~25min。若喜欢可撒肉豆蔻粉（分量外）、黑七味粉（分量外）。以百里香做装饰。

*马萨拉酒（Marsala）是意大利西西里岛出产的加强型葡萄酒，常用于烹饪。

专栏

如若餐桌较小，可灵活运用有立脚的架子来拓展空间

想要邀请友人参加客人自带食物的百乐派对，却发现餐桌太小放不下所有的食物……这种时候能当救星的，就是可以拓展出下方空间的有立脚的架子了。如果使用透明材质的架子，就可以直接透过架子看到桌面，这样立体感十足的布置一定会让客人感到愉悦。在食物的盛放摆盘上，如果能尽量采取可直接用手拿取的形式，或者分别盛入单人份小容器中，也就不需要去考虑刀叉及取菜盘所需的空间了。灵活运用已有的物品，探索如何改善及搭配，这也是餐桌搭配的一种乐趣。

所有的料理都分成单手即可拿起的小份。用菊苣的叶子盛放食物，就能不使用刀叉直接享用了。

在有立脚的架子的下方放置餐具，可以更有效地使用有限的空间。多使用透明材质的容器，会给人清爽利落的印象。

要点和建议 Point & Advice

★ 在餐桌上利用托盘将料理按种类分开放置，更利于客人辨认。

★ 餐具上放些扦子或小汤勺，即使边站着说话边单手取料理也很轻松。

准备顺序

前一天

油炸橄榄酿肉、芭菲风无油蔬菜沙拉的果冻、蒜香海螺炒西葫芦的蒜香黄油、姜汁奶冻的奶冻提前做好。

当天

制作剩下的料理并摆盘。芦笋火腿卷、烟熏三文鱼墨西哥玉米饼卷容易变干，所以在客人来之前要用保鲜膜包好。芭菲风无油蔬菜沙拉的果冻也在上菜前再放上。

用餐前小食*打造香槟派对

为了与气泡满溢的香槟的透明感相称，盛放料理的餐具也以玻璃材质为主。摆盘时应以细长的廓形为重点，营造干净清晰的印象。

食单 Menu

- 油炸橄榄酿肉
- 芭菲风无油蔬菜沙拉
- 蒜香海螺炒西葫芦
- 意大利风味冷奴
- 芦笋火腿卷配无花果酱汁
- 烟熏三文鱼墨西哥玉米饼卷
- 杯装西班牙海鲜饭
- 姜汁奶冻

* 此处的餐前小食指法式料理中的“amuse-bouche”。

高低不同的餐具组合放置在长形托盘上，有着极佳的平衡效果

把料理分成多个小份统一放在长形托盘上，餐桌就会显得清爽。一个托盘上盛放两种不同料理时，巧妙组合不同高度的料理看起来会很漂亮。清爽的芭菲风无油蔬菜沙拉和意大利风味冷奴，浓郁的油炸橄榄酿肉，蒜香海螺炒西葫芦的开胃小菜，各式味道的料理聚集在一起，可以让客人慢慢享用。

烟熏三文鱼墨西哥玉米饼卷放在带盖子的餐盒里，可以长时间保持湿润柔软

细长的箱状餐盒里，料理随意些摆放也不会让人觉得不像样子，是既简单又方便的摆盘形式。再加上带有盖子，对于一些容易变干燥的料理就再合适不过了。放上与烟熏三文鱼很相配的刺山柑，看起来也赏心悦目。

用造型独特的蔬菜和海鲜打造华丽风格

细长的芦笋在玻璃杯中立着，恰与圆润的无花果相配。有独特形状的食材，就可以轻松地摆放出动感。无花果酱汁与芦笋微微的苦味及生火腿的咸味完美搭配，定会令人赞不绝口。

若是带壳的海鲜类，不用刻意摆盘就已颇显华丽了。放上海虾后，填补空隙似的放上其他的食材。贻贝竖着摆放可以形成一定高度。充分吸收了海鲜美味的米饭盛放在玻璃餐具中，鲜艳的颜色可以一览无余。

品尝了美味的红酒后，只要稍微吃上一口如此顺滑美味的甜点，就是十足的享受

微甜的姜汁奶冻，搭配同样生姜口味的果冻。即便是喝了很多酒后，有这么一杯甜点也可以毫不费力地吃完。柠檬皮的清香在味觉上是一个很好的点缀。

油炸橄榄酿肉 芭菲*风无油蔬菜沙拉

材料（4 人份）

（油炸橄榄酿肉）

黑橄榄（去核）…24 个，面衣用的低筋面粉、蛋液、面包糠…各适量，炸物专用油…适量，盐、柠檬（可按喜好选用）…适量

A 牛肉末…50g，鳀鱼（罐头）…1 片，大蒜（磨成泥）…1/4 瓣，迷迭香叶（若无可不加）…少许，黑胡椒粉…少许

（芭菲风无油蔬菜沙拉）

比利时菊苣（详见 P46“调味小芋头和盐渍三文鱼鱼子”）…1/3 个，苦苣…1/6 个，樱桃番茄…8 个，蘑菇…2 个，四季豆…8 根，综合叶蔬…1/2 袋，盐海带**…一小撮，白芝麻…适量

三杯醋 味淋、醋、淡口酱油…各 1 大勺

果冻 出汁…200mL，淡口酱油…1/2 小勺，白出汁…1 大勺，味淋…1 大勺，醋…40mL，砂糖…1/2 小勺，酢橘（详见 P18“煎烤食材　蘸汁两种　酢橘、盐”）…1 个，吉利丁片…4g

做法

（油炸橄榄酿肉）

❶ 在食物料理机中放入 A 的所有材料混合搅打，做成肉馅。

❷ 每个黑橄榄纵向切出一个豁口，然后塞入❶的肉馅。按照低筋面粉、蛋液、面包糠的顺序依次包裹面衣。

❸ 锅内倒入炸物专用油加热至 180℃，把❷的食材放入油锅炸至呈金黄色。盛入玻璃杯中，若喜欢可撒上盐，挤上柠檬汁。

（芭菲风无油蔬菜沙拉）

❶ 制作三杯醋。把三杯醋的材料全部倒入锅内，中火加热，沸腾即关火，搁置冷却。

❷ 制作果冻。吉利丁片用水（分量外）泡发。除吉利丁片、酢橘外的材料放入锅内，中火加热，沸腾即关火。切开酢橘挤汁到锅内，再加入吉利丁片搅拌使溶化。液体倒入铁盘中，放入冰箱冷藏使其凝固。

❸ 比利时菊苣斜切成丝。苦苣切成一口大小。樱桃番茄对半切开。用小刀将蘑菇外面一层皮扒去，表面洒少许醋（分量外）以防止变色。四季豆煮至熟且仍保持形状的状态，每根切成 4 等份。

❹ 在大碗内放入❸的食材和综合叶蔬，撒入盐海带混合拌匀，盛入玻璃杯中。浇上已拌匀的三杯醋的所有材料，放上果冻和白芝麻。

* 芭菲，音译自法语“parfait”，也称为百汇。多指在长玻璃杯中，以冰激凌、水果为主，再放入奶油、巧克力酱、坚果等而制成的甜点。
** 盐海带（塩こんぶ，塩昆布）是日本一种盐渍干海带丝食品，可直接配米饭食用及用来做蔬菜沙拉、茶泡饭等。

蒜香海螺炒西葫芦 意大利风味冷奴*

材料（4 人份）

（蒜香海螺炒西葫芦）

海螺…4 个，西葫芦…1 根，橄榄油…1 小勺多点，酱油…少许

蒜香黄油（容易做的分量） 黄油…60g，白兰地…1 小勺，意大利欧芹（切碎末）…1 大勺，大杏仁粉…1/2 大勺，胡椒粉盐…适量，大蒜…1 瓣，酱油…少许

（意大利风味冷奴）

日本木棉豆腐（可用北豆腐、老豆腐代替）…1/2 块，樱桃番茄…6 个，松子…适量，盐、胡椒粉…各适量

A 柠檬汁…1/8 个柠檬，橄榄油、意大利香醋（详见 P31“牛排沙拉配香醋酱汁”）…各 1 大勺，白出汁…1 小勺，大蒜（磨成泥）…1/2 瓣，迷迭香叶（新鲜）…少量

做法

（蒜香海螺炒西葫芦）

❶ 制作蒜香黄油。食物料理机中放入蒜香黄油的所有材料，搅拌均匀。

❷ 海螺切成一口大小，放入一大锅热水中煮约 1 min。

❸ 西葫芦切成边长 1cm 的块。

❹ 平底锅内倒入橄榄油中火加热，❷、❸的食材放入锅内，翻炒均匀。炒至所有食材表面都均匀挂油后，加入 1 大勺蒜香黄油，转大火继续翻炒。最后加入酱油收尾并关火，盛入玻璃杯中。

（意大利风味冷奴）

❶ 日本木棉豆腐按照人数切成一口大小，用厨房用纸包好吸干多余的水。

❷ 松子煎至金黄色。樱桃番茄切成一口大小，撒上盐、胡椒粉，然后与 A 的所有材料及松子混合，充分拌匀。放入冰箱冷藏，直到上菜前再拿出来。

❸ 在小碟中放上日本木棉豆腐，稍微撒些盐，再放上❷的食材。

* 冷奴是日本常见的豆腐料理，多为一整块凉透的豆腐搭配酱油、大蒜、生姜及其他配料直接食用。

烟熏三文鱼墨西哥玉米饼卷

材料（4 人份）

墨西哥玉米饼（未炸过）…4 片，烟熏三文鱼…1 盒，黄瓜…1 根，西洋菜（watercress）…10 根，红洋葱…1/4 个，酸奶油…1 盒（90g），莳萝…3 根，白出汁…少许，刺山柑（caper）…适量

做法

❶ 墨西哥玉米饼放入已加热的平底锅内，将两面均烘烤一下。黄瓜切丝。红洋葱切碎末。莳萝切碎。酸奶油内加入莳萝和白出汁搅拌均匀。

❷ 在墨西哥玉米饼上涂抹❶的酸奶油，再放上烟熏三文鱼、西洋菜、黄瓜、红洋葱后卷起。

❸ ❷的饼卷切成容易入口的大小，放入餐盒中，最后加上刺山柑做点缀。

芦笋火腿卷配无花果酱汁

材料（4 人份）

芦笋（选粗一些的）…4 根，塞拉诺火腿（生火腿）…4 片，无花果…1 个

无花果酱汁　无花果…2 个，柠檬汁、泰式甜辣酱…各 2 大勺

做法

❶ 制作无花果酱汁。无花果剥皮，用食物料理机打成泥状，加入无花果酱汁的其他材料搅拌均匀。

❷ 芦笋去掉皮和叶鞘部分，放入加了少许盐（分量外）的热水中煮约 30s。用笊篱捞起沥干水。用塞拉诺火腿包卷芦笋，斜着切成 2 段。

❸ 无花果纵向切成 4 等份。在玻璃杯中放入无花果酱汁，再插入❷的芦笋火腿卷，最后放上无花果装饰。

Point

先以直立的形式在玻璃杯中放入一个芦笋火腿卷，然后变换角度再放入另一个。这样的摆盘方式可以制造动感，也让作为装饰的无花果更容易摆放。

姜汁奶冻

材料（4 人份）

奶冻　牛奶…400mL，细砂糖…50g，鲜奶油…100mL+ 细砂糖 1/2 大勺，白兰地…1 小勺，吉利丁片…7g，生姜薄片…5 片

果冻　细砂糖…60g，水…120g，生姜（磨成泥）…1 小勺，盐…一小撮，吉利丁片…3g

装饰用　柠檬皮（切碎，若无可不加）…适量

做法

❶ 制作奶冻。吉利丁片用水（分量外）泡发。锅内放入牛奶、细砂糖 50g 和生姜薄片，开火加热至沸腾。关火后加入泡发的吉利丁片，搅拌至溶化后倒入大碗内，隔冰水搅拌使其快速变凉。大碗边缘的牛奶开始稍稍凝固变浓稠后取出生姜薄片，加入白兰地，混合搅拌所有材料。

❷ 鲜奶油加入细砂糖 1/2 大勺搅打，打发至八分发泡状态，然后加入❶的材料内混合均匀，再一起倒入杯中，放入冰箱冷藏使其凝固。

❸ 制作果冻。吉利丁片用水（分量外）泡发。细砂糖、水（分量内）、盐一同放入锅内中火加热，待细砂糖溶化后绞入生姜汁。放入泡发的吉利丁片然后关火，搅拌至吉利丁片溶化，倒入铁盘内放入冰箱冷藏使其凝固。

❹ ❸的果冻用勺子挖碎，放在❷的奶冻上。如果有柠檬皮可点缀在表面。

杯装西班牙海鲜饭

材料（4 人份）

米…300g，海虾…4 只，贻贝 *…8 个，花蛤…12 个，乌贼…1 只，鸡清汤（chicken consommé）…360mL，白葡萄酒…50mL，大蒜…1 瓣，盐、黑胡椒粉、藏红花粉…各 1/2 小勺，橄榄油…1 大勺，樱桃番茄、油炸红葱头（“红葱头”介绍详见 P40“红酒意大利烩饭可乐饼”）、罗勒（新鲜）、欧芹（可按喜好选用，切碎末）、青柠（可按喜好选用）…各适量

做法

❶ 米洗好备用。海虾取出虾线。提前让花蛤吐沙。乌贼去掉内脏，躯干部分切成圆圈形，须的部分切成 1cm 长的条。大蒜切碎末。

❷ 在平底锅内倒入橄榄油中火加热，放入大蒜翻炒，注意不要使其变焦。散发出香味后加入花蛤、贻贝、白葡萄酒、海虾、乌贼翻炒。再倒入鸡清汤、盐、黑胡椒粉、藏红花粉稍微焖一下。

❸ 用笊篱过滤一次，把食材与汤分开。在电饭锅内放入米，然后依照 300g 米对应的刻度放入滤出的汤（如果汤不够可加水补足），然后设置为煮饭模式。

❹ 煮好后把❸中分开的食材放入电饭锅，蒸约 15min。蒸好后拌匀所有材料，盛入玻璃杯中。放上樱桃番茄、罗勒、油炸红葱头，若喜欢可撒上欧芹、挤上青柠汁享用。

＊贻贝俗称青口、海虹。

专栏

衬托客人带来的甜点，主人准备的『小甜点』

客人参加聚会时最常带来的礼物是甜点，有时即便告诉客人不用费心了，但他们可能还是带来了甜点；但相反的情况也是经常发生的，比如主人因客人说了“我会买些甜点拿去”这样的话而没有另外准备甜点，但是客人却临时改变主意买了别的东西。所以在这里要推荐给主人像 P79 的“姜汁奶冻”这样的玻璃杯小甜点，单凭这一样就可以对付以上的尴尬情况了。这种小甜点和客人拿来的甜点一起上桌，还可以起到衬托的作用。像图中那样以冷餐的形式来提供，也是一种活跃气氛的好主意。

要点和建议 Point & Advice

- ★ 主色为白色，作为关键点缀色的红色营造出轻松的气氛。
- ★ 蜡烛设置为成对的形式，为特别的夜晚增添少许庄重的氛围。
- ★ 不同的盘子重叠摆起，是依序上菜的西式晚宴风格。正式的白色盘子下叠放玻璃的四方盘和银色的扁盘，不同材质、风格的盘子层层叠加，营造出随意的气氛。

圣诞派对当然要以烤肉为主

桌旗上的小圆点图案，仿若飘落的白雪。不必强求每个细节都体现出雅致的格调，加入具流行感的红色小饰品，反而可以增添温暖的感觉。这样的餐桌，真的令人想在这一刻，与心中最重要的人把手言欢。

食单 Menu

- 胡椒味波尔斯因奶酪西班牙芙朗
- 多彩蔬菜冻
- 香草腌三文鱼卷
- 鲜虾浓汤天使细面
- 烤伊比利亚猪肉配蜂蜜柠檬酱汁
- 散发咖啡与巧克力香味的洋梨慕斯馅树干蛋糕

准备顺序

前一天

先制作多彩蔬菜冻、散发咖啡与巧克力香味的洋梨慕斯馅树干蛋糕、鲜虾浓汤天使细面的鲜虾浓汤。香草腌三文鱼卷预先涂满调味料腌制。

当天

制作剩下的料理并摆盘。胡椒味波尔斯因奶酪西班牙芙朗先放凉再吃也很美味。为避免天使细面失去弹性，在客人即将到来时再煮好盛入杯中并浇上鲜虾浓汤。

热食料理与冷食料理放在同一盘中共享的乐趣

玻璃杯中的冰凉多彩蔬菜冻，与盛在白瓷杯中的温热胡椒味波尔斯因奶酪西班牙芙朗组合在一起，是种很容易成功的搭配方式。多彩蔬菜冻只需一小勺就能奢侈地享受到各种蔬菜的不同味道、口感。胡椒味波尔斯因奶酪西班牙芙朗使用了极受欢迎的波尔斯因奶酪，第一口就能感受到浓郁的奶香味。

料理中特意使用的红色食材，也是餐桌风格形成的关键要素

浓厚的鲜虾浓汤配以纤细的天使细面。

鱼子与三文鱼的橘红色，与餐桌小饰品优雅的暗红色、蜡烛的红色相互呼应，算是种较为高级的搭配技巧。莳萝、月桂叶给咸淡适宜、非常入味的腌三文鱼卷增添了美妙的香味，配上柠檬皮更是散发出清爽的香气。

以伊比利亚猪肉为主的美味大拼盘，展现无限活力

吃橡子长大的伊比利亚猪的上肩肉，吃起来有着来自森林的野生的味道。只是用盐、胡椒粉简单调味，就能烹饪出浓郁的美味。下面铺满充分吸收了肉汁的大麦麦片，随意装点的杏鲍菇与小洋葱就仿佛正在森林中悄然地生长。

蛋糕以红色的装饰物营造视觉反差

蛋糕顶上的鲜奶油如同堆积起的白雪一样。蓝莓和银色小糖球纵向散落在蛋糕的顶部，跃动感油然而生。洋梨慕斯让古典的树干蛋糕展现出现代风的新味道。

胡椒味波尔斯因奶酪西班牙芙朗*
多彩蔬菜冻

材料（4 人份）

（胡椒味波尔斯因奶酪西班牙芙朗）

鸡蛋…1 个，鲜奶油…100mL，鸡清汤（chicken consommé）…100mL，胡椒味波尔斯因奶酪（Boursin）…50g，素炸红葱头（“红葱头”介绍详见 P40“红酒意大利烩饭可乐饼”）、装饰用波尔斯因奶酪（可选胡椒味）、细叶芹（chervil）…各适量

（多彩蔬菜冻）

清汤（consommé）…2 罐（约 400mL），西葫芦…1/3 根，玉米笋**…4 根，秋葵…2 根，樱桃萝卜…4 个，樱桃番茄…4 个，毛豆（煮熟去壳）…约 30 粒，吉利丁片…5g，盐…少许

做法

（胡椒味波尔斯因奶酪西班牙芙朗）

❶ 把胡椒味波尔斯因奶酪和鸡蛋放入大碗内，搅拌至顺滑。

❷ 在❶的材料中倒入鲜奶油和鸡清汤，混合拌匀后倒入耐热容器中。

❸ 在已冒出蒸汽的蒸锅内放入❷的耐热容器，中火蒸约 10 min。

❹ 以素炸红葱头、装饰用波尔斯因奶酪、细叶芹做点缀。

（多彩蔬菜冻）

❶ 先把吉利丁片用水（分量外）泡发。清汤放入锅中煮沸，加入泡发的吉利丁片后关火。搅拌至吉利丁片溶化，撒盐调味，室温放凉。

❷ 西葫芦用模具整形成直径 1cm 的丸子，然后煮约 30s，浸入冰水后沥干水。玉米笋煮约 1.5 min。秋葵煮约 30s，沥干水后切成 5mm 厚的圆片。樱桃萝卜切成和西葫芦同样的大小。樱桃番茄横切成两半。

❸ 随意地在玻璃杯内塞入❷的蔬菜和毛豆。倒入❶的汤，放入冰箱冷藏使其凝固。

* 西班牙芙朗（flan），西班牙常见的一道焦糖炖蛋甜品，在此食谱中做法有所创新。

** 玉米笋指玉米的幼嫩果穗。

香草腌三文鱼卷

材料（4 人份）

三文鱼（刺身用）…200g，西葫芦…1 根，蜜饯柠檬皮、莳萝、腌渍三文鱼鱼子…各少许，橄榄油…适量

A 粗盐…1/2 大勺，细砂糖…1/2 大勺，柠檬皮（磨碎）…1/2 个柠檬，胡椒粉…适量，莳萝…适量，月桂叶…1 片

做法

❶ 混合 A 的所有材料，铺在三文鱼上，用保鲜膜包好，放入冰箱冷藏 24 h 使入味。

❷ 从冰箱取出❶的三文鱼，用水冲洗干净表面后用厨房用纸包好吸干水，在表面涂上橄榄油（以这个状态在冰箱内可保存 2d）。

❸ 西葫芦用削皮器纵向削成薄片。❷的三文鱼斜切成片，与西葫芦薄片重叠放好并滚着卷起。三文鱼卷放入瓷质汤勺内，顶部摆上斜切成片的三文鱼，再放上蜜饯柠檬皮、莳萝、腌渍三文鱼鱼子做点缀。

Point

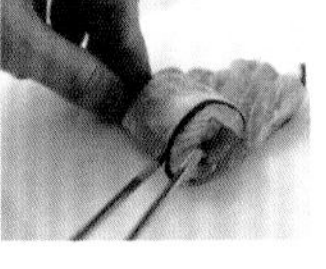

切成薄片的三文鱼与西葫芦重叠放好并滚着卷起。三文鱼片的长度如果不够可叠加几片来卷。

鲜虾浓汤天使细面

材料（4 人份）

带头的海虾（天使虾）…8 只，天使细面*（capellini）…100~130g，白葡萄酒…100mL，清汤（consommé）…200mL，鲜奶油（乳脂含量 35%）…100mL，虾壳奶油酱（sauce américaine）…1~2 大勺，番茄膏（tomato paste）…1 大勺，月桂叶…1 片，红椒粉**（若无可不加）…1/4 小勺，盐…1/2 小勺，橄榄油…1 大勺，青柠果肉、百里香…各少许

做法

❶ 海虾去头剥壳。头和壳先放着备用。虾仁用热水烫约 10s 后浸入冰水中，捞出沥干水放在厨房用纸上。

❷ 平底锅内倒入橄榄油中火加热，放入海虾的头和壳、月桂叶一起翻炒。放入白葡萄酒煮至酒精挥发掉，再倒入清汤。鲜奶油、虾壳奶油酱、番茄膏逐一加入锅内，一旦煮开即撒入红椒粉和盐并关火，将海虾的头和壳取出。

❸ ❷的酱汁隔冰水冷却，用打蛋器稍微搅打几下。

❹ 比包装提示时间长 1 min 煮天使细面，用笊篱捞出过冰水，沥干水。虾仁切成 2cm 长的段，加入❸的材料中。

❺ 天使细面倒入❹的材料内搅拌一下，然后捞出盛入玻璃杯中并摆好造型，把❹的汤汁从上浇入，最后摆上虾仁。以青柠果肉和百里香做装饰。

* 天使细面是意大利面的一种，细长如发丝。

** 红椒粉（paprika powder）由不太辣的椒类制成，味道从偏甜到微辣的都有，也有因红椒采用烟熏方式干燥而带烟熏味的。加红椒粉除了增添风味的作用，也可使料理的色彩更丰富。

烤伊比利亚猪肉配蜂蜜柠檬酱汁

材料（4人份）
伊比利亚（Iberico）猪上肩肉（块）…500g，培根（块）…100g，小洋葱…8个，杏鲍菇…4根，甜椒（橘色）…1/2个，大麦麦片…80g，香草（迷迭香、鼠尾草、百里香等）…各适量，盐、胡椒粉…各1小勺，橄榄油…适量，意大利欧芹…适量

柠檬酱汁 清汤（consommé）…水100mL+清汤浓缩块1/2个（预先加热至溶化），柠檬汁…100mL，蜂蜜…1小勺，大蒜（磨成泥）…1/4小勺，盐…1/4小勺，水溶玉米淀粉…玉米淀粉1大勺+水1大勺

做法
❶ 烤箱预热至200℃。猪上肩肉撒上盐、胡椒粉，揉搓使入味。杏鲍菇切成容易入口的大小。甜椒去籽，切成一口大小。大麦麦片浸泡在大量的热水中，煮约10min后沥干水。
❷ 平底锅内不倒油中火加热，猪上肩肉煎至表面均呈金黄色，盛入耐热容器内。
❸ 同一个平底锅内倒入橄榄油，翻炒培根和小洋葱。再加入杏鲍菇、甜椒、大麦麦片快速翻炒一会儿，也盛入❷的耐热容器内。食材表面放上香草，将耐热容器放入200℃的烤箱的下段烤30~35min。烤20min后取出小洋葱、杏鲍菇和甜椒再继续烤。
❹ 制作柠檬酱汁。在锅内放入清汤中火加热，再加入柠檬汁煮至沸腾。然后放入蜂蜜、大蒜、盐混合搅拌，最后用水溶玉米淀粉勾芡。
❺ ❸的猪上肩肉切成薄片盛入长盘内，再将一起烤好的食材填满长盘，放上意大利欧芹。与❹的柠檬酱汁一起享用。

Point

猪上肩肉摆放成让餐桌两侧客人都容易拿取的形式，然后像要填埋肉片似的盛入大麦麦片。

杏鲍菇和小洋葱随意地装饰在盘边，希望带来仿佛它们正在森林中悄然生长的有趣印象。

散发咖啡与巧克力香味的洋梨慕斯馅树干蛋糕

材料［10cm（上敞口宽）×25cm（上敞口长）的半圆筒形模具1个］
树干蛋糕片（25cm×25cm的烤盘1只） A（低筋面粉13g、速溶咖啡1小勺、玉米淀粉13g），鸡蛋…3个，细砂糖…80g，熔化的黄油…35g
巧克力奶油 甜点专用巧克力…56g，鲜奶油…100mL
洋梨慕斯 鲜奶油…210mL，洋梨果泥…160g，牛奶…120mL，香草豆荚…1/2根，细砂糖…35g，白兰地…1小勺，吉利丁片…8g
成型、装饰用 打发好的鲜奶油（鲜奶油50mL加上细砂糖5g打发），糖浆（可用阿拉伯树胶糖浆）、蓝莓、糖果、银色小糖球、细叶芹、雪花形软糖…各适量

做法
❶ 制作树干蛋糕片。烤箱预热至180℃。烤盘上先铺好烤盘纸。将A的材料混合并过筛。大碗内放入鸡蛋和细砂糖，隔热水打发至黏稠状。倒入过筛好的A的材料，简单地搅拌一下。再倒入熔化的黄油轻轻拌匀，倒入烤盘内。放入180℃的烤箱烤13min，取出放凉。分别切成24cm×8.5cm和24cm×15.5cm的蛋糕片。
❷ 制作巧克力奶油。鲜奶油先室温放置使恢复常态。甜点专用巧克力切碎放入大碗内，隔热水加热使熔化，且温热至与人体皮肤相近的温度。鲜奶油稍微打发后加入碗内，用橡胶刮刀混合搅拌均匀，放入冰箱冷藏。
❸ 制作洋梨慕斯。吉利丁片用冰水（分量外）泡发。牛奶和香草豆荚放入锅内开火加热，温热到接近人体皮肤温度后关火，加入泡发的吉利丁片搅拌至溶化。隔冰水搅拌液体使冷却，搅拌至浓稠后加入洋梨果泥和白兰地，再搅拌均匀。
❹ 鲜奶油加入细砂糖，打发至提起打蛋器有立起的尖角的程度，倒入❸的材料中并混匀。
❺ 成型。将❷的巧克力奶油放入直径9mm附带裱花嘴的裱花袋内。在半圆筒形模具中铺上保鲜膜，放上较大的那块蛋糕片，用刷子轻轻刷上糖浆。
❻ ❹的洋梨慕斯倒入约1cm高的量，用橡胶刮刀将表面刮平整。用已经放入巧克力奶油的裱花袋在平整表面上挤出2条24cm长的巧克力奶油。
❼ 再次倒入约1cm高的洋梨慕斯，用橡胶刮刀将表面刮平整，在平整表面的中间位置挤出1条24cm长的巧克力奶油。接着重复❻的操作，再次倒入洋梨慕斯，并挤出2条巧克力奶油。最后把剩下的洋梨慕斯全部倒入，用橡胶刮刀将表面刮平整，然后把较小的蛋糕片刷好糖浆后盖上去，将两个蛋糕片的交接处修切平整并使其接合紧密。放入冰箱冷藏使其凝固。
❽ 装饰。去掉模具，在扁平裱花嘴的裱花袋内放入打发好的鲜奶油，在蛋糕半圆顶上纵向挤出一条装饰线，再放上蓝莓、银色小糖球、糖果、细叶芹和雪花形软糖做点缀。

专栏

就这样把美味带回家，马上就能吃到的小礼物

做多了的料理，客人吃不完的料理，包起来作为回礼让客人带回去吧。需要注意的关键点是，应放弃那些不适合带容器一起加热的新鲜蔬菜，一定要让客人想吃时啪的一下打开就能吃到，在这方面多下些功夫吧。你的心意，一定会让客人感到开心的。

P54 的红酒杂豆炖牛肉浇在米饭上，做成盖浇饭风格的快餐盒便当

浓厚味道的红酒杂豆炖牛肉和米饭简单搭配，味道就非常绝妙。如果有百里香就放入一些，这样稍微加热后打开盖子时，会有股扑鼻的香味，可以引起食欲。

P79 的杯装西班牙海鲜饭装入轻巧的外卖杯中

色彩绚丽的西班牙海鲜饭，只需装入透明的外卖用塑料杯里就是份非常时尚的回礼了。用不容易变软的迷迭香代替罗勒作为点缀。

P54 的两种熟酱和面包一起装好

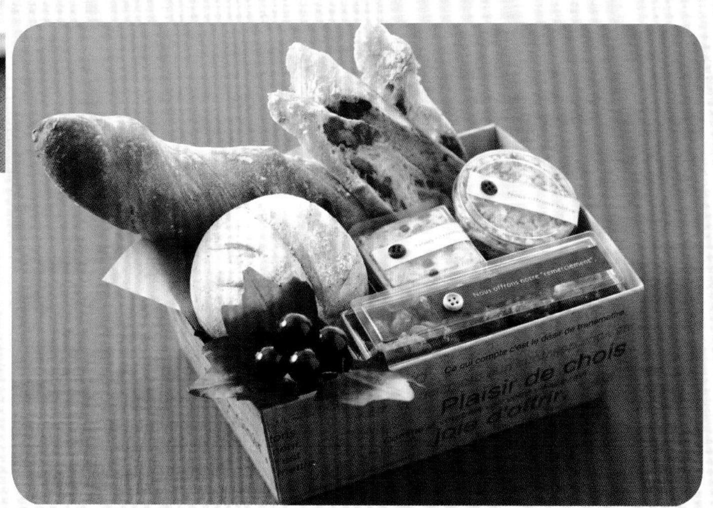

涂在面包上也很美味的熟酱，一定要和面包一起让客人带回去。如果再添加一些与其口感也很搭配的干果，就足以配上红酒直接享用了。

P87 的烤伊比利亚猪肉和烤蔬菜一起做成三明治

即使凉了也很好吃，这是可以轻轻松松大口咬下的三明治。夹在中间的蔬菜也是烤过的，即使放置一段时间也不会变得水水的。

专栏

让餐桌更显华丽，简单易学的鲜花装饰法

款待客人时不可缺少的装饰就是鲜花和绿叶。虽然这么说，但是要准备大型的鲜花布置会非常的麻烦。考虑到鲜花装饰只是作为客人就餐和谈话时的调剂品，所以就先从一些比较简单的布置开始吧。

小花瓶放在架子上，让利休草的枝条像流水一般垂下。再插上一片可盖住瓶口的红掌来固定利休草的枝条。[红掌（anthurium），利休草（*Stemona japonica*，中国常称为百部或蔓生百部）]

同一形状的花瓶因不同的使用方法而呈现不同效果

有分量感的大丽菊仅用一朵就能给餐桌增添华丽之感。在花瓶底部铺上小石头，在石头缝隙中插入花茎以固定花朵。或者用玻璃珠、贝壳等来代替小石头也是不错的选择。[大丽菊，加莱克斯草（galax）]

在复古风格的绿色小瓶里插上小型花朵和绿叶。在插花时较细的瓶颈可让花朵不那么容易垂下，有一个这样的瓶子会很方便。（绣球花，常春藤）

能轻松营造自然氛围的小瓶子

在各种形状的小瓶子里随意地插上花朵。如果高低不同，更能让餐桌生出些许生动的节奏感。同一种花插在不同的瓶子里也能改变印象，真是不可思议呢![蔷薇，绣球花，常春藤，日本蓝盆花（*Scabiosa japonica*）]

专栏

放满了水的容器内漂浮着白色的花朵与绿色的果、叶，这样的布置带来了一丝清爽的凉意。桌布配合了植物的颜色，令白色和绿色融为一体，营造出特别轻松愉悦的氛围。（非洲菊，常春藤，青苹果）

浮在水面，
或插在烛台上……
切短花茎的鲜花，
也是非常容易布置的素材

烛台内放水，插上花茎切短的鲜花。各处烛台插上不同颜色的鲜花，再配合放上一两支蜡烛，更增添了轻松的气氛。（绣球花，香叶天竺葵，巧克力波斯菊）

PART 2

服务式风格的款待形式

服务式风格餐桌的基本搭配

每道料理依次单独奉上的服务式风格的款待形式，除了料理，餐桌的精心布置也是不可或缺的关键。一旦决定好食单，花、蜡烛、小装饰等可让餐桌增色的布置，都要仔细考虑设计。

Point1

各自准备好底盘

每道料理都要换餐盘的服务式风格，一般直到上甜点前，都要预先放置好底盘。每道料理都能在最佳时段内被享用，同时热食、冷盘都能被灵活有效地承接组合起来，这些都只有服务式风格的款待形式才能做到。

Point2

在餐桌中央装饰鲜花，让餐桌平衡感更好

服务式风格餐桌的中央不摆放料理，一般来说这里是装饰鲜花的好位置。要注意鲜花装饰不要过高，否则会影响相对而坐的客人的谈话。同一种类的花再取三五枝插入小容器内作为点缀，还可让餐桌更具跃动感。

Point3

两侧放置一些高个物品

餐桌的两侧装饰一些高个物品，可以自然地向上引导客人的视线。利用个子高的蜡烛或烛台也是不错的选择。烛台里放一些小装饰也很可爱。

Point4

在餐桌空隙处布置小饰物

装饰了鲜花和蜡烛后，在比较受客人关注的空隙处，放一些小的装饰物吧。可以选择与鲜花颜色相近的物品来制造统一感，或者使用与桌布颜色形成对比的物品来作为点缀。

服务式风格餐桌的布置

（以 P96~97 餐桌为例）

1 **铺桌布**

椅子稍微拉远点，然后铺上桌布。垂下部分的长度要注意前后、左右一致。

2 **调整椅子的位置**

椅子向里推，使其靠近餐桌。

3 **铺桌旗**

桌旗铺在桌子中央的位置。用尺子量好，预先准确地找出中央的位置就可以安心了。

4 **摆放底盘、刀叉等餐具**

底盘放在椅背左右居中的位置。餐巾、刀叉等也按规范放好位置。餐巾折叠为客人可轻松向右打开的样子。

5 **放置鲜花装饰及烛台**

主要的鲜花装饰放置在餐桌的中央，餐桌的两侧放置烛台。也要敢于尝试非对称摆放形式，以营造生动的气氛。

6 **摆放玻璃杯**

玻璃杯放在客人右侧，比刀叉和盘子略靠前放置，不要低于桌旗的边缘。

7 **在空隙处装饰小饰物，检查整体平衡感**

在空隙处放一些小型花饰等小饰物，站在餐桌一侧查看烛台和小饰物的摆放位置是否合适，可稍稍按照之字形排列来调整物品的位置。

要点和建议 Point & Advice

★ 桌布如果是全素的白色，就显得太过于墨守成规了。可以选择带有小圆点刺绣图案或素淡花纹的桌布，来增添家庭聚会轻松愉快的气氛。

★ 在这种服务式风格的款待形式中，在桌子中心放置花束可以增添华丽感；但若只放置一大束花，会给人造成唐突的印象，所以再选择一些颜色协调的小饰物和鲜花装饰在中心线上。

清新淡色调的春之餐桌

以富有春天气息的淡色调来烘托复活节气氛的餐桌搭配。首先上桌作为前菜的有机蔬菜冷盘配浓郁酸辣酱汁和微炸金枪鱼，供客人轻松愉快地享用，然后依次端出两道主菜及收尾的甜点。

准备顺序

前一天

制作山椒风味的双拼茄子冷制意大利面的调味汁、有机蔬菜冷盘所配的浓郁酸辣酱汁。白巧克力芒果挞的挞皮预先烤好并放凉。

当天

完成甜点，制作剩下的料理。有机蔬菜冷盘配浓郁酸辣酱汁预先安排在餐桌上。山椒风味的双拼茄子冷制意大利面先煮好面并浸入冰水冷却，上桌前再和调味汁混合拌匀后盛盘。

食单 Menu

- 有机蔬菜冷盘配浓郁酸辣酱汁
- 微炸金枪鱼
- 马赛鱼汤配酸奶油蒜泥蛋黄酱
- 山椒风味的双拼茄子冷制意大利面
- 白巧克力芒果挞

1st

使用烛台摆放鲜花，利用高低差增加餐桌的跃动感

香熏蜡烛用的烛台可以插上大花束用剩的花朵，也别有一番情趣。或者用其他与大花束比较搭配的鲜花点缀在较低的位置上，给餐桌增加跃动感。

兔子形状的调料罐。与蛋形的小饰品一起作为装饰，让餐桌充满了童真的乐趣。也可以准备一些有季节感的小饰品，不必大费心力也能让餐桌立即变得时髦起来。

作为前菜的有机蔬菜冷盘与特制酱汁一起盛于杯中

餐会从小分量的料理开始，能给予客人一种轻松感。在矮脚玻璃杯底部放入调味汁，再插上蔬菜棒，看起来艳丽诱人。蔬菜并不一定全部切成同等长度，穿插摆放一些切得稍短的，让杯里的食材更显华丽。

2nd 第二道前菜华丽登场，放了辣根酱的奶油是摆盘的重点

有厚度的金枪鱼切片，裹上撒了黑芝麻的面衣来油炸。表层吃起来酥脆清淡，内里却是醇厚奢华的口感。在金枪鱼切片处于冷冻状态时裹上面衣，只是用少量的油微炸表层，而没有让内里熟透，从切面看也是美妙的五分熟。

3rd

海鲜的香味和立体的摆盘，令人五感愉悦的马赛鱼汤

鱼头烤过之后再经过炖煮，变身为没有异味的高级的马赛鱼汤。白肉鱼切片不要煮到软烂，稍煮一下即可，和海虾一起以立体的形式来摆盘。最后竖立摆好切得薄薄的烤法棍片。

4th

烤茄子和浅渍茄子的双重运用，口感刺激、色彩和谐的冷制意大利面

加了牛奶的调味汁的白色和茄子的紫色互相映衬，呈现出十分和谐的色彩。浅渍茄子的咸味和最后撒上的山椒粒的气味，起到了收紧味道的作用。盛入清凉感十足的大玻璃盘中，小巧而雅致的摆放方式呈现简洁明亮的视觉效果。

5th

有着超多水果的挞 上桌之后再分切

浓郁的白巧克力奶油和清爽的芒果的组合。用餐结束、盘子收好时，正是甜点上桌的好时机。保持完整端上餐桌，然后再切开分到客人的盘子中。

有机蔬菜冷盘配浓郁酸辣酱汁

材料（4 人份）

未成熟的小黄瓜（小而细的）、沙拉用有机迷你胡萝卜、四季豆、玉米笋（详见 P86“胡椒味波尔斯因奶酪西班牙芙朗”）…各 4 根，樱桃番茄（红、黄）…各 4 个，樱桃萝卜…4 个

（浓郁酸辣酱汁）

煮鸡蛋的蛋黄…2 个，意大利欧芹…10 片，盐…1/4 小勺，胡椒粉…适量，大蒜（磨成泥）…1/2 瓣，清汤（consommé）…1 大勺，自制西式泡菜（食谱见 P141）的腌汁（或者醋）…1 大勺，柠檬汁…1 小勺，整粒黄芥末酱（wholegrain mustard）…1 小勺，色拉油…70mL，自制西式泡菜…1 小根（切碎），红洋葱（切碎，预先泡水）…1 大勺

装饰用 百里香…少量

做法

❶ 小黄瓜、迷你胡萝卜浸入冰水中，均从头部切去 2cm 后纵向斜切。四季豆和玉米笋焯一下，玉米笋从根部切去 2cm 后纵切两半。樱桃番茄、樱桃萝卜对半切开。

❷ 制作浓郁酸辣酱汁。在食物料理机中放入煮鸡蛋的蛋黄和意大利欧芹搅打均匀。再加入除色拉油、自制西式泡菜、红洋葱外的所有材料，继续搅打至顺滑的状态。一边持续少量加入色拉油一边搅打使其乳化，最后加入自制西式泡菜和红洋葱拌匀。

❸ ❷的酱汁先放入杯子里，再摆上❶的蔬菜，摆放时尽量使色彩显得更缤纷。最后装饰百里香。

Point

要摆放出立体感，先放入的蔬菜互相叠加着放进去是关键点。

微炸金枪鱼

材料（4 人份）

金枪鱼（较厚的切片）…1 片（150g），盐…1/6 小勺，胡椒粉、低筋面粉、橄榄油…各适量，蛋白…1 个，迷迭香、樱桃萝卜（切薄片）、飞鱼鱼子、岩盐、蛋黄酱…各适量

A 面包糠（碾碎）、黑芝麻…各适量

B 鲜奶油（脂肪含量多些）…4 大勺，辣根酱（软管装）…1/2 小勺，白出汁…1 小勺

做法

❶ 金枪鱼用厨房用纸吸干水，撒盐和胡椒粉。混合 A 的所有材料。然后以低筋面粉、蛋白、A（已预先混匀）的顺序依次裹上面衣，然后再以蛋白、A 的顺序再裹一次。平底盘内铺上面包糠（分量外），然后放上裹好面衣的金枪鱼，放入冰箱冷冻 20~30 min。

❷ 平底锅内多倒些橄榄油中火加热，快速地炸一下迷迭香，取出放在厨房用纸上。加入足量的橄榄油，转稍大点的中火把金枪鱼快速地煎至表面变色、里面五分熟的程度，取出放在厨房用纸上。

❸ 大碗内放入 B 的所有材料，打发至接近硬性发泡的状态。

❹ ❷的金枪鱼切成 2~3cm 厚的片盛入盘中，再如图摆放❸的奶油、樱桃萝卜、炸好的迷迭香、飞鱼鱼子、岩盐、蛋黄酱作为装饰。

马赛鱼汤配酸奶油蒜泥蛋黄酱*

材料（4 人份）

金目鲷鱼头（或其他适合作为高汤料的鱼头）…1 块，白肉鱼（可选鳕鱼。详见 P70“墨西哥牛油果沙拉、秘鲁鱼生和迷你面包”）切片…4 片，低筋面粉…适量，贻贝（详见 P79“杯装西班牙海鲜饭”）…8 个，带头海虾…4 只，洋葱…1/2 个，番茄…1 个，橄榄油…2 大勺，白葡萄酒…200mL，罐装法式鱼高汤（fumet de poisson）300mL，藏红花…一小撮，水…200mL，虾壳奶油酱（sauce américaine）…2 大勺，盐、胡椒粉…各适量，细香葱碎末（chives）…适量，法棍（切成薄片涂上橄榄油烤一下）…4 片

酸奶油蒜泥蛋黄酱 蛋黄…1 个，盐…1/4 小勺，胡椒粉…适量，大蒜（磨成泥）…1/2 小勺，酸奶油…1 大勺，白葡萄酒醋…1/2 大勺，色拉油…50mL，红辣椒粉（red pepper，cayenne pepper）…适量

做法

❶ 制作酸奶油蒜泥蛋黄酱。在大碗内放入蛋黄、盐、胡椒粉、大蒜，用打蛋器搅拌至浓稠。再加入酸奶油搅拌均匀，然后倒入白葡萄酒醋继续充分拌匀。一边持续少量加入色拉油一边继续搅拌，拌至浓稠白浊的状态后加入红辣椒粉（可按喜好选用）。

❷ 金目鲷鱼头放在铁网上烤至呈焦黄色。洋葱切成碎粒。番茄切成 4 等份。

❸ 在锅里倒入橄榄油中火加热，白肉鱼切片裹满低筋面粉后放入锅内，煎至稍带焦黄色。再放入带头海虾、贻贝煎约 1min，最后加入白葡萄酒，盖上盖子煮约 1min。

❹ ❸的白肉鱼切片取出，用木勺铲掉锅底的焦黑物，然后放入洋葱、番茄、金目鲷鱼头、法式鱼高汤、藏红花，倒入水（分量内）中火炖煮约 15min。

❺ 汤汁减至 2/3 的量时加入虾壳奶油酱（若无可不用），然后把❹的白肉鱼切片再次放入，加入盐、胡椒粉调味。盛入盘中，撒细香葱碎末，再放上法棍和❶的酸奶油蒜泥蛋黄酱。

*马赛鱼汤（bouillabaisse），法国南部的经典美食。蒜泥蛋黄酱（aioli），也称为普罗旺斯蛋黄酱，法国南部常用的一种酱汁，此款料理中的“酸奶油蒜泥蛋黄酱”以其为基础演变而来。

山椒风味的双拼茄子冷制意大利面

材料（4人份）

茄子…2根，天使细面（详见P86“鲜虾浓汤天使细面”）…120g，牛奶…150mL，大蒜…2瓣，橄榄油…2大勺，浅渍*茄子（切碎）…适量，山椒（Japanese pepper）粒（或山椒粉）…适量，芽葱（可按喜好选用。详见P30“海虾西葫芦开胃小点”）…适量

A 柠檬汁…1/2大勺，白出汁…1/2小勺，盐…1/4小勺，胡椒粉…适量

做法

❶ 茄子烤后剥皮，用厨房用纸吸干余水。锅内倒入牛奶和大蒜，小火煮约15min。

❷ 将❶的牛奶和大蒜放入食物料理机内，搅拌至变得顺滑。加入A的所有材料拌匀，最后倒入橄榄油稀释，做好的调味汁放入冰箱冷藏。

❸ 天使细面比包装提示的时间多煮1min，捞出浸入冰水中冷却。用笊篱捞起，铺在厨房用纸上充分吸干余水。

❹ 混合❷的调味汁和❸的天使细面，再放入浅渍茄子拌好。盛入盘中，放上芽葱和山椒粒。

*浅渍，在日本指将黄瓜、萝卜、茄子等蔬菜腌制很短的时间。

白巧克力芒果挞

材料［35cm×11cm×2cm（高）的挞模1个］

挞皮 低筋面粉…195g，黄油…120g，细砂糖…45g，蛋黄…2个，水…$1\frac{1}{2}$小勺，盐…1/3小勺

杏仁黄油 黄油、细砂糖…各70g，鸡蛋…1个，大杏仁粉…70g，玉米淀粉…10g

白巧克力奶油 白巧克力…125g，鲜奶油（脂肪含量45%）…230mL，吉利丁片…4g，樱桃白兰地…1/4小勺

装饰用 芒果…2个，柠檬汁…少许，红醋栗…10粒，薄荷叶…适量

做法

❶ 制作挞皮。在挞模侧壁及底面涂上黄油（分量外），然后拍上少许低筋面粉（分量外），先放入冰箱冷藏。黄油（分量内）室温软化，放入大碗中加入细砂糖和盐，用打蛋器搅打。蛋黄加水（分量内）打散，一点点地分次加入大碗内搅拌均匀。低筋面粉分3次筛入，混合轻揉成面团，用保鲜膜包好放入冰箱冷藏室静置1h以上。

❷ 在案板上撒手粉（分量外），将❶的面团擀成3mm厚的挞皮，铺入挞模内，用手仔细按压挞皮使其与挞模完全贴合。在挞皮底部用叉子戳满排气孔，再次放入冰箱冷藏约1h。

❸ 烤箱预热至230℃，放入挞皮烤2～3min，然后温度下调至180℃烤13min，烤好后拿出散热。如果这时挞皮底部有鼓胀现象，就再次用叉子戳排气孔，同时利用工具将挞底压平。

❹ 制作杏仁黄油。黄油室温软化，放入大碗中用打蛋器搅打至柔软的状态。加入细砂糖继续充分搅打至颜色变浅发白，鸡蛋打散成蛋液分4～5次加入并拌匀。最后加入大杏仁粉、玉米淀粉混匀。

❺ 烤箱预热至180℃。❸的挞皮内倒入❹的材料，把表面抹平，放入烤箱180℃烤15～20min，然后拿出放凉。

❻ 制作白巧克力奶油。吉利丁片浸入大量的水中（分量外）泡发。白巧克力切碎放入大碗中。锅中加入鲜奶油中火加热，至即将沸腾时加入拧干的吉利丁片。关火倒入装有白巧克力的大碗中，充分搅拌至白巧克力溶化。倒入樱桃白兰地拌匀，隔冰水搅拌使冷却。搅拌至浓稠状态时放入冰箱冷藏。

❼ 装饰。芒果去掉皮和核，切成边长1cm的小块，与柠檬汁混合拌匀。❺的挞完全变凉时，将❻的白巧克力奶油装入裱花袋中挤在挞上，再放上芒果、红醋栗和薄荷叶装饰。

专栏

两人享用的早午餐，白色和绿色完美造就轻松氛围

只有两个人就餐时，桌旗可以横向跨过桌面摆放。以白色为主色，以绿色为辅助色，更显得清爽怡人。每只盘子中摆放两种前菜，再装饰些鲜花，就能轻松完成餐桌搭配。鲜花并不一定非要一大束才好看，只是将几朵白色的花插在小瓶中，或让切短花茎的鲜花和小苹果漂浮在满水的大盘中，就能营造出凉爽、舒适的气氛。（料理的食谱见 P102）

要点和建议 Point & Advice

- ★ 以万圣节作为印象重点，使用南瓜和柿子等来打造暖暖的橘黄色调。餐桌搭配、料理设计均与餐会主题十分吻合。
- ★ 搭配的过程是愉快而随性的，但还是要避免孩子气的风格，餐具一定要选用简洁风格的。
- ★ 作为主菜的鸭肉白萝卜，可在客人吃完前菜、谈话气氛正兴起时上桌，要计划好上菜的时机。

满满秋天味道的万圣节派对

散发着香料味道的汤汁炖煮出的白萝卜，与煎鸭胸肉组合出可口的主菜。葱白、牛蒡、柿子等，运用这些秋季食材做出各种菜肴。配合万圣节主题的餐桌搭配，暗藏充满闲暇之趣的种种细节，有一定阅历的成年人才更能体味吧。

准备顺序

前一天

制作牛蒡葱白慕斯果冻杯。鸭肉白萝卜的白萝卜先煮好。巨峰葡萄果冻与红酒葡萄干英式蛋奶酱的巨峰葡萄果冻和英式蛋奶酱先分别做好并冷藏。

当天

制作剩下的料理。牛蒡葱白慕斯果冻杯、薄切帆立贝配柿子酱汁最先上菜。先做好戈贡佐拉奶酪南瓜烩饭，上菜前用烤箱烤一下。鸭肉白萝卜先摆好盘，上菜前把汤汁温热浇上即可。

食单 Menu

- 薄切帆立贝配柿子酱汁
- 牛蒡葱白慕斯果冻杯
- 鸭肉白萝卜
- 戈贡佐拉奶酪南瓜烩饭
- 巨峰葡萄果冻与红酒葡萄干英式蛋奶酱

使用以黑色与橘黄色为主色的万圣节小物品

布置橘黄色的南瓜形蜡烛以及黑色的小老鼠饰品、黑色的蜡烛等，营造出餐桌的万圣节气氛。也可以配合着在多处使用白色或透明的玻璃制品，这样氛围就不会过于沉闷。

1st

薄切帆立贝浇上橘黄色的柿子酱汁

新鲜的帆立贝切成薄片，浇上秋天感十足的柿子酱汁作为前菜。再装饰些小巧的柿子形面筋，就更惹人喜爱了。柿子的甜味和帆立贝的醇和滋味完美融合。

像鸡尾酒一样优雅的牛蒡葱白慕斯果冻杯

2nd

以牛蒡与葱白为素材的美味慕斯，清汤果冻给整体视觉带来透明感，为口感增添一份清爽。盛入香槟杯中，装饰多彩的蔬菜碎末，在薄切帆立贝配柿子酱汁之后继续作为前菜为客人呈上。

3rd

鸭胸肉甘蓝卷放在炖煮入味的白萝卜上，外观也那么的赏心悦目

仔细煎过的鸭胸肉卷着微苦的球芽甘蓝，摆在精心炖煮入味的白萝卜上。个性的餐桌搭配，与需静下心来品尝的口感柔和的料理非常相称。

加入了大量南瓜泥做成的烩饭，口感柔和

4th

以浓郁风味的戈贡佐拉奶酪制作的烩饭，因为加入了大量的南瓜泥，刺激的味道得以缓和，口感变得柔和起来。用模具弄成方形再烤过的烩饭，搭配上南瓜丸子、叶子形状的南瓜皮和核桃等，整体造型显得小巧可爱。

5th

有着透明感的果冻甜点，用玻璃酒杯盛放来呈现华丽成熟感

巨峰葡萄用白葡萄酒熬煮做成“大人味道”的果冻，配上散发朗姆酒香气的英式蛋奶酱，装入造型华丽的玻璃酒杯中，就好像宝石一样璀璨。

薄切帆立贝*配柿子酱汁

材料（4人份）

帆立贝贝柱（刺身等级）…4个，紫苏拌饭料**…适量，面筋（最好选择柿子形状的）…4片，橄榄油…少量

柿子酱汁　柿子…1/2个，煮梅干酒（在清酒内加入梅干熬煮过滤而成，若无可直接用清酒）…2小匀，柠檬汁…1小匀

做法

❶ 帆立贝贝柱切成5mm厚的片，撒上些许盐（分量外）。

❷ 制作柿子酱汁。把柿子切成小粒状，浇上煮梅干酒和柠檬汁，充分拌匀。

❸ 在汤匀中放入帆立贝贝柱，浇上❷的酱汁。撒上紫苏拌饭料，放上面筋装饰，浇上橄榄油。

* 此道料理来源于意大利名菜薄切生牛肉（carpaccio），只是此处把牛肉换成了帆立贝（Japanese scallop），也可用其他刺身等级扇贝代替。

** 紫苏拌饭料若买不到可用紫苏干碎叶代替。原日文“ゆかり”，指日本三岛食品公司旗下的一个拌饭料产品，以紫苏为主要材料。

牛蒡葱白慕斯果冻杯

材料（4人份）

牛蒡葱白慕斯　牛蒡…50g，韭葱*（leek）的葱白…200g，牛奶…300mL，水…200mL，清汤（consommé）浓缩块…1/2个，吉利丁片…3g，盐…1/6小匀，白胡椒粉…少许，黄油…10g，橄榄油…适量

清汤果冻　罐装牛肉清汤（beef consommé）…200mL，吉利丁片…3g

A　甜椒（红）…1/4个，牛蒡…1段（5cm长），西葫芦…1段（5cm长），盐、胡椒粉、橄榄油…各适量

做法

❶ 制作清汤果冻。吉利丁片用水（分量外）泡发。牛肉清汤倒入锅中中火加热，煮沸后加入泡发好的吉利丁片，混合搅拌至吉利丁片溶化。倒入香槟杯中，放入冰箱冷藏。

❷ 制作牛蒡葱白慕斯。先把吉利丁片用水（分量外）泡发。牛蒡剥皮切成1cm厚的圆片，浸入醋水（分量外）中以防变色。然后用笊篱捞起放在流动水下冲洗干净，放入锅内加水（分量内）和清汤浓缩块，煮约10min至变软。

❸ 葱白切成1cm长的段。平底锅内加入黄油小火加热，放入葱白慢慢翻炒。这期间如果油不够可以继续倒入橄榄油。

❹ 把❷的材料加入❸的锅中，中火煮至水量减半，倒入食物料理机中，搅拌至糊状。

❺ ❹的材料再倒回锅中，加入牛奶后用中火加热，一旦煮开就放入盐、白胡椒粉调味并关火。泡发好的吉利丁片绞干水放入锅中，搅拌至溶化，隔冰水搅拌汤汁使冷却。再倒入❶的香槟杯中，放入冰箱冷藏3h以上。

❻ A的蔬菜全部切成边长3mm的小丁，放入锅中用橄榄油翻炒，撒上盐、胡椒粉后关火放凉，上桌前盛入❺的香槟杯中作为装饰。

* 韭葱俗称洋大蒜、扁叶葱，叶扁而宽，叶鞘粗肥。若无可用大葱代替。

鸭肉白萝卜

材料（4人份）

鸭胸肉…1大片，白萝卜…1/2根，球芽甘蓝（也叫抱子甘蓝）…4个，牛蒡…1小根，盐…1/3小匀，玉米淀粉…适量，丁香粉…适量，炸物专用油…适量

A　出汁…400mL，味淋…2小匀，淡口酱油…1/2小匀，盐…1/4小匀，八角…1个

B　葛粉…1大匀，水…2大匀

做法

❶ 白萝卜切成5cm厚的圆片，把边缘处削圆，先用水（分量外）煮至变软。在锅内放入A的所有材料，再放入已煮软的白萝卜，用小火煮20～30min。将B的材料混合拌匀，倒入锅中勾芡。

❷ 在鸭胸肉的表皮上每隔5mm划一道细口，整体涂抹盐。然后鸭皮面朝下放入平底锅中，用较弱的中火加热，然后一边来回翻面，一边煎约15min至变成焦黄色。这期间用厨房用纸吸净渗出的油。然后鸭皮面朝上放在锡纸上，除了皮之外的部分包裹起来，继续利用余热焖20min至熟透。

❸ 牛蒡用削皮器削成又窄又长的薄片，裹上玉米淀粉，放入180℃的炸物专用油中炸。球芽甘蓝也放入180℃的炸物专用油中素炸。

❹ ❷的鸭胸肉取出切成3～5mm厚的薄片，卷起❸的球芽甘蓝，插入扦子固定形状。

❺ 在较深的盘中先放上❶的白萝卜，其上摆放❹的鸭胸肉甘蓝卷，再倒入❶的汤汁。摆放❸的牛蒡，撒上丁香粉。

Point

球芽甘蓝用3～4片鸭胸肉薄片卷起，用扦子在卷的末尾插入并贯穿至对面。

选择较深的盘子放入白萝卜，然后再平衡地放上鸭胸肉甘蓝卷。

戈贡佐拉奶酪南瓜烩饭

＊日文原书此处为“罂粟籽”。

材料（4人份）

米…300g，南瓜…250g，水…1000mL，清汤（consommé）浓缩块…3个，红葱头（可用1/2个洋葱和1瓣切碎的大蒜代替。详见P40“红酒意大利烩饭可乐饼”）…2个，白葡萄酒…200mL，鲜奶油…120mL，碎帕玛森奶酪（Parmesan）…1杯（可按喜好加减），戈贡佐拉奶酪（Gorgonzola）…60g，黄油（或者橄榄油）…2大匀，盐、胡椒粉…各适量，核桃…适量

南瓜丸子 南瓜…100g，酸奶油…5g，盐…两小撮，核桃（切碎）…10g，芝麻（炒熟捣碎）*…适量，迷迭香叶…适量

做法

❶ 将南瓜蒸好后去皮，用搅拌器搅碎（❹的南瓜丸子的分量也可以一起蒸、一起搅碎）。皮留一些做装饰，用叶子形状的模具切出4片。锅内放水和清汤浓缩块中火加热使沸腾。

❷ 把红葱头切碎。锅中放入黄油中火加热，倒入切碎的红葱头炒香。加入米继续炒，炒至米的颜色由透明变白时，加入白葡萄酒和❶中搅碎的南瓜，熬煮至水分全部散发，煮的过程中不用搅拌。

❸ 趁热把❶的清汤用大匀分几次倒入❷的锅中，直到米煮至半熟状态，大约共需倒入800mL的清汤。加入鲜奶油和戈贡佐拉奶酪，轻轻搅拌均匀，再放盐、胡椒粉调味。

❹ 制作南瓜丸子。蒸好的南瓜去皮、用搅拌机搅碎，加入酸奶油、盐、核桃搅拌均匀，揉成丸子。丸子表面滚上芝麻，顶部插上迷迭香叶。

❺ 烤箱预热至200℃。❸的烩饭用模具整形，撒上碎帕玛森奶酪，放入烤箱以200℃烤10 ~ 15min。取出盛入盘中，摆放❶的南瓜皮、❹的南瓜丸子和核桃做装饰。

Point

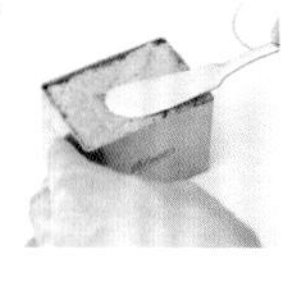

在模具内填入烩饭，用扁平的黄油刀抹平表面。然后撒上碎帕玛森奶酪再放入烤箱，这样就完成了像蛋糕一样的烩饭。

巨峰葡萄果冻与红酒葡萄干英式蛋奶酱

材料（4人份）

巨峰葡萄果冻 巨峰葡萄…1/2串，细砂糖…20g，白葡萄酒…100mL，水…150mL，吉利丁片…5g

英式蛋奶酱（crème anglaise） 牛奶…170mL，蛋黄…2个，细砂糖…25g，香草豆荚…1/4根，朗姆酒…1/2大匀，盐…少许

红酒葡萄干 葡萄干…80g，红葡萄酒…80mL，水…70mL

装饰用 巨峰葡萄（外皮割成条纹状）、细叶芹…各适量

做法

❶ 制作巨峰葡萄果冻。吉利丁片用水（分量外）泡发。巨峰葡萄去掉皮和籽。在锅内放入巨峰葡萄的皮、细砂糖、白葡萄酒、水（分量内），煮至汤汁沸腾且呈现漂亮色泽。

❷ 泡发的吉利丁片绞干，放入❶的液体中混合搅拌，溶化后用滤网过滤。隔冰水搅拌使冷却，搅拌至稍变黏稠后加入巨峰葡萄果肉。放入冰箱冷藏。

❸ 制作英式蛋奶酱。大碗内放入蛋黄和细砂糖，用打蛋器充分搅打均匀。牛奶温热至与人体皮肤一样的温度后加入碗内，再放入香草豆荚、朗姆酒、盐混匀。把上述材料倒入锅中，中火加热搅拌，搅拌至变得浓稠后关火，隔冰水使冷却。

❹ 制作红酒葡萄干。把红酒葡萄干的所有材料放入锅中，小火煮约15min，然后自然冷却。留少许葡萄干装饰用，剩下的倒入食物料理机中搅打，过滤后加入❸的英式蛋奶酱中混匀，放入冰箱冷藏。

❺ 在杯子里倒入❹的蛋奶酱，再放上❷的果冻。然后放上装饰用巨峰葡萄，撒上❹中留下的葡萄干，最后用细叶芹点缀。

专栏

把 P113 中的戈贡佐拉奶酪南瓜烩饭和喜欢的前菜放在一个盘子中，就成为特别贴心的一份早午餐。餐桌以充满暖意的黄色为主色调，让人想起舒适愉快的秋天假日。舒适的方格桌旗与古朴风格的玻璃高脚杯十分相称。餐桌中央摆放着或大或小的南瓜，也有着秋天的味道，生动的韵律感就这样产生了。

（食谱见 P112 和 P113）

秋日的早午餐在暖和的阳光中进行，枫叶散落犹如野餐的气氛

优雅亚洲风格的夏季宴会

在没有食欲的夏季，可以选择辛辣酸爽的运用各种香料的亚洲料理来款待客人。玻璃材质的餐具搭配绿色的大叶子，别具清爽优雅的亚洲风情及悠闲自在的度假气氛。

准备顺序

前一天

泰国风味咖喱炸鱼饼的准备工作做至炸之前的状态。民族风什锦饭先炒好猪肉末。桂花陈酒西瓜西班牙冷汤（gazpacho）先做好汤汁并冷藏。

当天

制作剩下的料理。泰国风味咖喱炸鱼饼、泰国风味粉丝沙拉、蒜香大虾一开始就摆放于餐桌上。韩式冷汁在上菜之前再混合汤汁与蔬菜。然后上民族风什锦饭，桂花陈酒西瓜西班牙冷汤则在吃完饭后要上桌时再盛入杯中并放入香草冰激凌。

食单 Menu

- 泰国风味咖喱炸鱼饼
- 泰国风味粉丝沙拉
- 蒜香大虾
- 韩式冷汁
- 民族风什锦饭
- 桂花陈酒西瓜西班牙冷汤

要点和建议 Point & Advice

★ 不需要特别准备亚洲风格的餐具，用玻璃餐具与和风餐具相互组合，搭配芭蕉叶等大叶片，气氛就自然体现出来了。

★ 因为可能会有客人不喜欢香菜等味道浓郁的食材，所以要预先与客人确定，用三叶芹等来代替就不需要担心了。

★ 客人到了的话，可以先准备啤酒等润润嗓子的饮品。为了搭配啤酒，促进食欲的前菜也可以先摆放在餐桌上，让客人可以随意轻松地慢慢享用美食。

能营造度假气氛的大花朵，布置时强调直线条与空间留白

大花朵的布置让人仿佛置身于亚洲风格度假胜地。把兰花和龙血树（dracaena）叶子等大型的花与叶子扎在一起，摆放在容器中时，重点是以适当的空间留白来制造视觉趣味。强调优美直线条的玻璃容器内铺上小石子，让蜡烛浮在水面上。

1st

用有凉爽质感的玻璃大盘子盛放前菜，再装点上鲜花

可先在和风餐具中铺上切好的香蕉树叶，再盛放泰国风味粉丝沙拉。蒜香大虾和泰国风味咖喱炸鱼饼盛放于小而有深度的玻璃杯和白瓷杯里，看起来立体感十足。装点在盘中的小小的绣球花，给客人宁静的愉悦感。

2nd 肠胃『治愈系』料理，让人充满活力的富含酸味的韩式冷汁

盛放在玻璃杯中看起来很清凉的韩式冷汁，可和前菜一起或者稍微延后端上。富含对夏天容易疲劳的肠胃非常有效的酸味，同时蘘荷的香味是味觉重点。

3rd 以煮好的混合黑米的米饭为基础，再搭配多彩蔬菜的美丽什锦饭

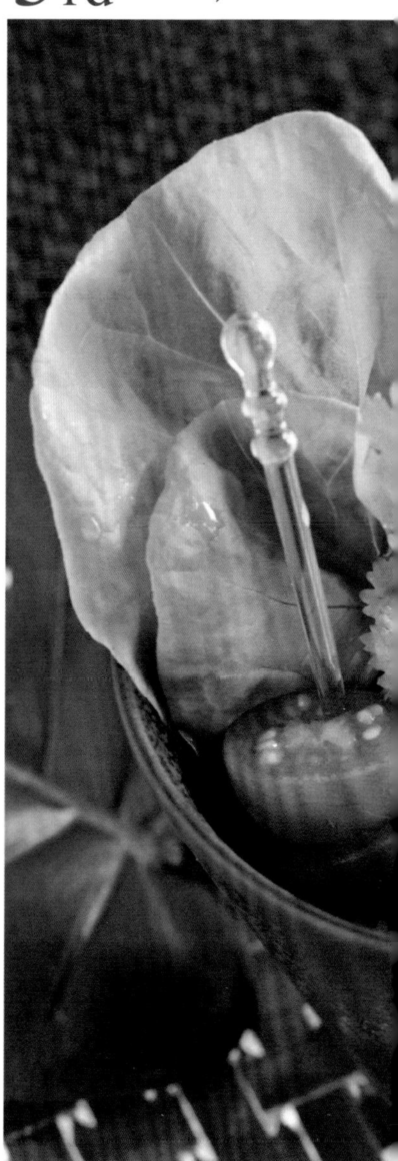

米饭中混入黑米一起煮，不仅看起来赏心悦目，而且吃起来也味道醇厚。香菜茎切碎拌匀，浓郁香味的米饭上再放上炒猪肉末、番茄、毛豆、香菜叶等，最后摆上漂亮的沙拉用生菜。

4th 西瓜鲜艳的红色为冷汤增添了南国风情，成就一道绝佳甜点

桂花陈酒西瓜西班牙冷汤，让客人享用美味的同时，也能因漂亮的颜色而心情愉悦，所以一定要装入玻璃杯中给客人端上。为了方便客人吃到浮在表面的冰激凌和蓝莓，插根亦可作为勺子使用的吸管更显得用心。客人一定会越发享受这夏日午后的休闲时光。

泰国风味咖喱炸鱼饼
泰国风味粉丝沙拉
蒜香大虾

材料（4 人份）

（泰国风味咖喱炸鱼饼）

白肉鱼（详见 P70“墨西哥牛油果沙拉、秘鲁鱼生和迷你面包”）肉泥（调过味）…250g，虾（剥壳）…100g，四季豆…4 根，山药 *…3cm，鸡蛋…1 个，太白粉…3 大勺，新鲜辣椒（青）……2 根，炸物专用油…适量

A 红咖喱膏…1 大勺，鱼露、细砂糖…各 1 大勺，箭叶橙（Kaffir lime）叶子…1 片（切碎，若无可不用）

（泰国风味粉丝沙拉）

乌贼…1 只，猪肉末…150g，番茄…1 个，洋葱…1/2 个，粉丝…20g，裙带菜切片（干燥）…20g，鸡骨高汤…150mL，木耳（干燥）…适量，干虾仁…2 大勺，花生…2 大勺，香菜…适量

酱汁 新鲜辣椒（青）…2 根，大蒜…1 瓣

A 鱼露…3 大勺，青柠汁…1/2 个青柠，细砂糖…$1^1/_2$ 大勺

（蒜香大虾）

虾（去头带壳）…12 只，大葱葱白…1/2 根，大蒜…2 瓣，花椒…1/2 小勺，砂糖…1 小勺，老酒（或清酒）…1 大勺，鱼露…近 1 大勺，芝麻油…1 大勺

做法

（泰国风味咖喱炸鱼饼）

❶ 四季豆煮至熟且仍保持形状的状态，切成小粒。山药切成边长 5mm 的块。

❷ 白肉鱼肉泥加入 2 大勺太白粉和已打散的鸡蛋，搅拌至顺滑。加入 A 的所有材料和❶的四季豆后充分搅拌，将剥壳的虾、❶的山药上涂满 1 大勺太白粉，然后放入白肉鱼肉泥里继续拌匀。

❸ 锅中倒炸物专用油加热至 160℃，❷的材料用勺子挖起放入油锅，慢慢炸透。然后切成容易入口的大小盛入白瓷杯中，新鲜辣椒斜切成两半做装饰。

（泰国风味粉丝沙拉）

❶ 乌贼取出内脏、切成小块，冷水下锅汆一下。粉丝浸入水（分量外）中泡1 min，再在沸水中汆一下，捞出在凉水中浸泡一下，用剪刀剪成容易入口的长度，再泡约 10 min。裙带菜切片用水（分量外）泡发后绞干水。木耳也用水（分量外）泡发，去掉根部，切成小块。番茄切成小块。洋葱切薄片。花生炒过之后弄碎。香菜切碎。

❷ 制作酱汁。新鲜辣椒用研磨钵捣碎，加入大蒜后继续捣碎，然后与 A 的所有材料混合拌匀。

❸ 平底锅不放油直接放入猪肉末，中火翻炒至略干且散开的状态，再加入❶的木耳、干虾仁、鸡骨高汤。煮至汁水基本收干时再加入少许水（分量外），使其稍微湿润些。

❹ 在❸的材料中加入❶的粉丝、裙带菜切片，再加入洋葱、乌贼和❷的酱汁，搅拌均匀。加入❶的花生拌匀，再放入番茄、香菜混合拌匀，盛入盘中。以香菜做装饰。

（蒜香大虾）

❶ 大蒜切成薄片。大葱葱白切成粗粒。

❷ 平底锅中倒入芝麻油，放入❶的大蒜中火煎炸至呈淡淡的金黄色，取出大蒜。

❸ ❷的平底锅中放入花椒，继续中火加热，然后倒入虾。火力开大，按顺序加入砂糖、老酒、鱼露来调味，然后把❷的大蒜再倒回锅中，并加入大葱葱白，迅速翻炒锅内所有材料使其混合均匀，关火。盛入玻璃杯中，撒花椒（分量外）做点缀。

* 原书此处使用的是日本薯蓣（山いも，山の芋），在日本也称为自然薯，比一般常见的山药黏性更强。

韩式冷汁

材料（4人份）

黄瓜…1根，大葱…5cm，蘘荷…2个，韭菜…5根，秋葵…3根，矿泉水…600mL，枸杞子（用水泡发）…4个

A 味噌…3½大勺，韩国辣酱…1/2小勺，醋…3大勺，柠檬汁…2大勺，生姜汁…1大勺，大蒜（磨成泥）…1/2瓣，白芝麻…1大勺，七味唐辛子…1/2小勺

做法

❶ 黄瓜、大葱切成5cm长的丝。蘘荷纵切成两半后再切成粗条。韭菜切成5cm长的段。秋葵先焯一下再切片。

❷ 大碗内放入A的所有材料拌匀，再倒入矿泉水稀释。然后加入❶的蔬菜，放入冰箱冷藏10～15min使入味，取出盛入玻璃杯中，放些冰块（分量外）在上面，最后装饰枸杞子。

民族风什锦饭

材料（4人份）

米饭（若有可混入适量黑米一起煮好）…660g（约用300g生米），猪肉末…300g，樱桃番茄…12个，香菜…1束，红洋葱…1/4个，毛豆（冷冻）、花生（带皮炒后碾碎）…各适量，沙拉用生菜…1棵，木耳（干燥）…5g，大蒜…1瓣，辣椒…1根，色拉油…2大勺

A 鱼露…2大勺，泰式调味酱油（seasoning sauce）…2大勺，绿咖喱膏…1½大勺，砂糖…1大勺，黑胡椒粉…适量

做法

❶ 辣椒去籽。大蒜切碎末。木耳用水（分量外）泡发，去掉根部，切成略粗的碎末。A的所有材料全部混匀。毛豆煮熟剥去外壳。

❷ 平底锅内倒入色拉油、大蒜、辣椒中火翻炒，至香味散发出来后加入猪肉末略微炒一下。加入木耳，充分翻炒所有材料。猪肉末炒至分散状态后放入A调味，大火翻炒至汁水收干，然后关火。

❸ 红洋葱切碎末并在水中浸泡一下，然后挤干水。香菜分成茎与叶两部分，茎切碎末。樱桃番茄纵切成4等份。

❹ 米饭中加入香菜茎拌匀，盛入碗中。❷的材料和红洋葱、香菜叶、樱桃番茄放在米饭上面，再放上沙拉用生菜、花生、毛豆，最后放半个樱桃番茄（分量外）做点缀。

桂花陈酒西瓜西班牙冷汤

材料（4人份）

西瓜…400g（果肉），**A**（阿拉伯树胶糖浆、柠檬汁、桂花陈酒各1大勺），香草冰激凌、糖粉、蓝莓、红醋栗、树莓、薄荷叶…各适量

做法

❶ 西瓜去籽，放入食物料理机中搅打成果汁。加入A的所有材料拌匀，放入冰箱冷藏。

❷ 把❶的材料倒入杯中，放上香草冰激凌与蓝莓做装饰，再撒上糖粉。在汤勺中放上红醋栗、树莓、薄荷叶做装饰。

专栏

大盘子内盛放米饭与沙拉，自助式风格款待形式也能享受的亚洲料理

即便是凉了也很美味的亚洲料理，可以放在大盘子里让大家自由取用。铺上黄麻的桌旗，摆放木质的餐具，重点打造自然的印象。配合客人的气氛来改变餐桌搭配及款待形式，即便是同样的食单也可以演绎出不同的味道。

成对的盘中分别盛放民族风什锦饭和沙拉用生菜，这种组合更清晰明了

叶形的大盘子中摆放民族风什锦饭，大量色彩丰富的蔬菜不仅美观，更能促进食欲。成对的小盘子中盛放沙拉用生菜并配上单人份米饭，还可以根据喜好滴上些许青柠汁、撒上坚果来享用。

只是铺了香蕉树叶，就溢出满满的南国风情

食材丰富的泰国风味粉丝沙拉放入大玻璃碗中，更适合自助式风格款待形式。铺在容器内的香蕉树叶，两端应折起来使其低于容器边缘的高度。用民族风什锦饭配的生菜包着吃也很美味。

充满休闲气息的东南亚风格小饰物，让客人眼前一亮

使用杂货作为搭配时，应使其颜色和质感等与桌布和餐具有关联感。选用带有绿色的花朵来融入主色调，是个不错的选择。餐桌上有属于自然素材的木头与黄麻，所以用纸质小伞来点缀就很容易造就协调的感觉。

要点和建议 Point & Advice

- ★ 若在整体搭配中多多使用金色，的确会有符合新年感觉的华丽印象，但像现在这样只用在点睛之处，才让人更加感受到主人为雅致布置所花费的心思。
- ★ 为了能在最佳时机端上桌，作为主菜的料理前一天就做好，这样就能以更轻松愉快的心情来享受新年的宴会，客人也不会觉得拘束。

以现代和风餐桌迎接新年

为了迎接新的一年，使用了令人轻松愉快的白色为基调的清爽搭配。选用现代风格的器具，搭配的料理也在和风基础上更强调轻快感。

准备顺序

前一天

制作梅子味噌炖五花肉、日式鸡汤、和风三色寒天。

当天

制作剩下的料理。迷你莲藕春卷、奶油豆腐皮糊拌无花果、鲷鱼刺身配梅子番茄丁摆盘。作为主菜的梅子味噌炖五花肉也先盛入餐盘中，算好时机马上能够上菜。日式鸡汤在上菜之前一直保持温热，与焖饭一起端出。

食单 Menu

- 迷你莲藕春卷
- 鱼糕拼盘
- 奶油豆腐皮糊拌无花果
- 鲷鱼刺身配梅子番茄丁
- 梅子味噌炖五花肉
- 日式鸡汤
- 蘘荷白果焖饭
- 和风三色寒天

用方形餐盒盛放各种饰物，就像塞满了各种漂亮的年菜

有深度的方形餐盒中放了玫瑰、绿色石竹球（手鞠草）、雏菊、木贼草等植物，打造强调直线条的装饰效果。亚光的金色串珠是视觉重点。

1st 色彩丰富的前菜，立体地盛放在有深度的长方餐盒中

有深度的长方餐盒中，特意形成一定高度地摆放迷你莲藕春卷、奶油豆腐皮糊拌无花果和鱼糕拼盘。这样不仅看起来赏心悦目，而且拿取享用也十分方便。

用黑色高脚陶质食器来搭配主色调的白色，起到了收紧的作用。食器立起的高度恰与料理协调搭配。带有甜味的鲷鱼刺身和白出汁提味的梅子番茄丁，各具丰富的口感。

慢慢炖煮入味的梅子味噌炖五花肉的摆盘，展现出令人眼前一亮的豪华风格

2nd

加入梅干而显得清爽的梅子味噌炖五花肉。搭配上海青、糖煮连皮栗子、白果、彩色面筋球等，装点得豪华美观。建议盛入青花瓷长方钵中，这样既简便又美观。

3rd

最后，以蘘荷白果焖饭和日式鸡汤来享受轻松舒畅的时光

有丰富的蘘荷、生姜和白果的焖饭，和风的食材香味勾引食欲。而鸡汤中鸡肉与蔬菜满满的美味，让身体从内里都暖和起来。

4th

甜点盛放在玻璃杯里，清爽怡人的和风三色寒天

会令人情不自禁发出“好可爱啊”的赞叹的和风三色寒天。微微的甘甜樱花味、浓郁的杏仁味和稍苦的抹茶味组成绝妙的味觉和音。再加入清酒提味，形成颇具成熟感的风味。

迷你莲藕春卷　鱼糕拼盘　奶油豆腐皮糊拌无花果　鲷鱼刺身配梅子番茄丁

材料（4 人份）

（迷你莲藕春卷）

春卷皮…10 片，水煮莲藕…1 节，煮玉米…1/2 根（或玉米罐头 1/2 罐），比萨用奶酪…1/4 杯，炸物专用油…适量，酢橘（详见 P18 “煎烤食材　蘸汁两种　酢橘、盐”）…1 个

A　蛋黄酱…1/2 大勺，炼乳…1/4 ~ 1/2 小勺，盐、酱油…各 1/4 小勺，蒜泥、胡椒粉…各少许

B　小麦粉、水…各适量

（鱼糕拼盘）

鱼糕…适量，芜菁（turnip）…1 个

A　海胆酱…2 小勺，麦味噌…1/2 小勺，牛奶…1/2 小勺

（奶油豆腐皮糊拌无花果）

无花果…2 个，白芝麻…20g，装饰用胡萝卜（模具整形、煮过）、麝香葡萄…各适量

A　生豆腐皮…40g，出汁…2 大勺，鲜奶油…1 大勺，白出汁…1/2 小勺，盐…1/6 小勺

（鲷鱼刺身配梅子番茄丁）

鲷鱼刺身（块状）…1 片，青紫苏…10 片，冰叶日中花 * 的叶子、赤紫苏嫩芽、迷你番茄…各适量

梅子番茄丁　番茄（大）…1 个，白芝麻…3 大勺，梅干…2 个，烤海苔…1 片，白出汁…1/2 ~ 1 小勺，芝麻油…1 小勺

做法

（迷你莲藕春卷）

❶ 水煮莲藕削皮，然后快速焯一下，放到厨房用纸上吸干水。煮玉米剥下玉米粒。

❷ ❶的莲藕放入食物料理机中打成泥状，加入 A 的所有材料调味，再放入❶的玉米粒和比萨用奶酪混合拌匀。

❸ 春卷皮沿对角线切成两半，沿着对角线这条边呈细长形放上❷的材料，折起两侧后滚着卷成细长卷。然后在末端涂上 B 的材料以黏合、收紧春卷。

❹ 在锅内倒入炸物专用油加热至 180℃，把❸的春卷炸成金黄色。切成两半摆盘，再放上切成月牙形的酢橘。

（鱼糕拼盘）

混合 A 的所有材料。鱼糕用模具整形，在上端涂一点酱汁 A。芜菁切成月牙形，用烤网或者烤面包机快速烤一下。在玻璃杯内先放入酱汁 A，再放入芜菁，最后放上用扦子穿好的鱼糕。

（奶油豆腐皮糊拌无花果）

❶ 无花果纵切成 6 等份。

❷ 用平底锅炒白芝麻，然后放入食物料理机或者研磨钵内弄成细末。再加入 A 的所有材料，搅打至顺滑的糊状。

❸ 无花果盛入餐具中，浇上❷的奶油豆腐皮糊，用胡萝卜、麝香葡萄做装饰。

（鲷鱼刺身配梅子番茄丁）

❶ 鲷鱼刺身斜切成薄片。青紫苏切细丝，然后在清水中浸泡一下。

❷ 制作梅子番茄丁。番茄泡热水去皮，横切成两半后去籽，再切成边长 1cm 的块。白芝麻用研磨钵捣碎至还稍有颗粒的程度。梅干去核、拍扁。烤海苔用手揉碎。然后把以上材料全部混合拌匀，加入白出汁调味。最后倒入芝麻油混合均匀。

❸ 在食器内铺上冰叶日中花的叶子，然后放上❷的材料和❶的鲷鱼刺身。为使色彩更丰富，用❶的青紫苏、赤紫苏嫩芽、迷你番茄做装饰。

＊冰叶日中花，学名 *Mesembryanthemum crystallinum*，番杏科日中花属。可用其他有装饰效果的叶片代替。

Point

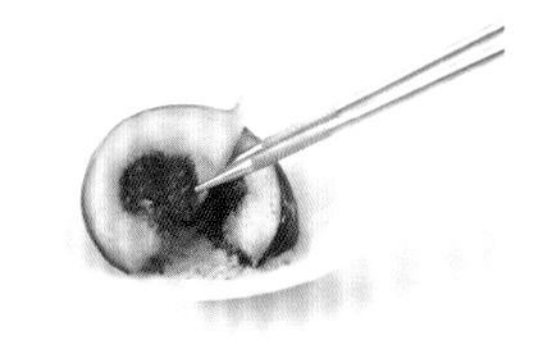

先把一块无花果呈卧倒状摆放，再把另一块无花果靠着它立起摆放，营造出立体感。

鱼糕用模具切出形状，就会显得小巧可爱。再涂上浓厚的酱汁，作为下酒的小菜再合适不过。

摆放梅子番茄丁时，先在食器内稍稍堆积起高度，然后以仿佛站立的姿态把鲷鱼刺身的一侧轻轻地靠着梅子番茄丁摆放。

青紫苏切丝泡过水后，不要用手绞干，而应放在厨房用纸上让水被自然吸干，这样就不会破坏造型。为了表现松软的感觉，呈浑圆一团状摆放于最上面，看起来就很好吃。

梅子味噌炖五花肉

材料（容易做的分量）

猪五花肉…800g，梅干…4个，白果…12个，上海青…1棵，彩色面筋球…4个，糖煮连皮栗子*…8个，出汁…适量，芝麻**（炒熟捣碎）…少许，盐、色拉油…各少许，芝麻油…适量

A 清酒…150mL，水…150mL，甜面酱…3大勺，酱油…2大勺，砂糖…2大勺

做法

❶ 猪五花肉冷水(分量外)入锅汆2次，然后捞出换净水（分量外），煮约2h直至变软。

❷ 锅内倒入A的所有材料煮沸，加入❶的猪五花肉，盖上盖子小火煮约20min。开盖加入梅干，将肉翻面再煮约15min，关火。

❸ 白果焯一下后用芝麻油略炒一下。彩色面筋球用出汁煮至水微滚。上海青将叶片与根茎分开，根茎纵切十字形口子，与叶片一起在加了盐、色拉油的沸水中焯一下，然后用手将根茎撕成4份。糖煮连皮栗子的底部蘸些芝麻。

❹ ❷的猪五花肉切成方便食用的厚度的大片，与❸的上海青一起装盘，再浇上❷的煮汁。用❷的梅干、❸的彩色面筋球和糖煮连皮栗子、白果做装饰。若有的话再放上一片漂亮的红叶。

* 指日本的"栗の渋皮煮"，一般是用水、砂糖、清酒等将栗子连薄皮一起煮。有市售罐头类产品。可用一般熟栗子代替。

** 日文原书此处为"罂粟籽"。

Point

上海青的叶片卷成一团平放在盘中，肉片立着靠在一边，就呈现出立体的效果。

梅干、彩色面筋球、栗子、白果，按照从大到小的顺序，边把握色彩平衡感边摆放在合适的位置。

日式鸡汤 蘘荷白果焖饭

材料

（日式鸡汤）

鸡腿肉…200g，豆腐…1/2块，牛蒡…1/2根，魔芋…1/2片，日式油扬（可用油豆皮代替。详见P24"臭橙调味汁拌乌贼和日式油扬"）…1片，白萝卜…7cm，胡萝卜…1/3根，干香菇…4片，出汁…1500mL，白发葱*、盐渍三文鱼子、日本柚子（即香橙。详见P64"芜菁炖牛肉"）皮…各适量

A 酱油、淡口酱油、盐…各1小勺

（蘘荷白果焖饭）

米…450g，蘘荷…4个，熟白果（真空包装）…2袋，生姜…1/2片，三叶芹…适量

A 出汁…670mL，味淋…$1\frac{1}{3}$大勺，盐…1/2小勺，淡口酱油、清酒…各2大勺

糖醋渍蘘荷 蘘荷…2个，醋…100mL，砂糖…3大勺，盐…1/2小勺

做法

（日式鸡汤）

❶ 鸡腿肉去皮，切成一口大小。干香菇用水（分量外）泡发，切成碎末。牛蒡斜切成薄片。魔芋切1mm厚的片，白萝卜和胡萝卜切粗长条。日式油扬横剖两半，再切成细长条。豆腐切成边长1cm的块。

❷ 锅内倒入出汁和❶的香菇、牛蒡、魔芋、白萝卜、胡萝卜、鸡腿肉，大火加热。煮沸后撇去浮沫，转小火再煮约10min。

❸ 再加入❶的日式油扬、豆腐及A的所有材料，煮2～3min后关火。盛入碗内，以白发葱、盐渍三文鱼子、日本柚子皮做装饰。

（蘘荷白果焖饭）

❶ 米洗净、沥干水，放置30min。

❷ 生姜切丝，浸泡清水中并撇去杂质（若是新鲜生姜可以直接使用）。蘘荷(4个）切丝。熟白果从袋子中取出用水洗干净。

❸ 制作糖醋渍蘘荷。小锅内倒入醋、砂糖、盐开火加热，砂糖溶化后关火，把蘘荷放进去浸泡至液体冷却。

❹ 电饭锅内放入❶的米和A的所有材料混合拌匀，按下"煮饭"键。煮好后开盖加入❷的材料，稍翻拌混匀，然后关盖焖一会儿。三叶芹切成容易入口的长度。❸的糖醋渍蘘荷纵切成4等份。米饭盛入碗内，以糖醋渍蘘荷和三叶芹做装饰。

* 白发葱常用作装饰。将长约5cm的葱白段切成细如发丝状，用前在冰水中浸泡。

Point

把饭盛入碗内后，在上面交叉叠加式地摆放蘘荷，再靠着蘘荷竖立摆放三叶芹的茎部，最后放上三叶芹的叶片。

和风三色寒天

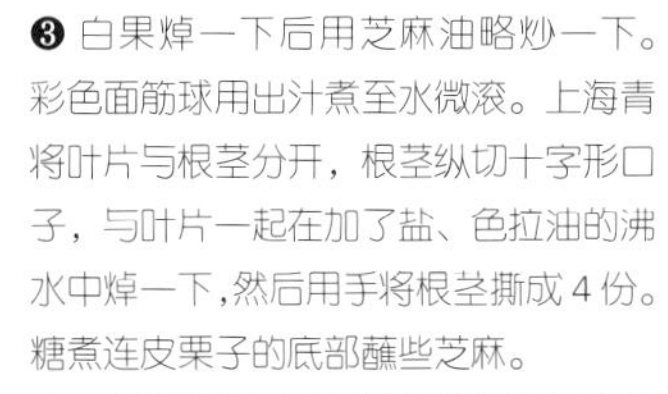

材料（容易做的分量，6～8人份）

抹茶味 水…300mL，清酒…100mL，抹茶…2小勺，砂糖…3大勺，寒天粉…2g

杏仁味 水、牛奶…各200mL，炼乳…3大勺，杏仁霜…1大勺，寒天粉…2g

樱花味 樱花利口酒…50mL，水…100mL，清酒…150mL，砂糖…近1大勺，食用色素（红色，水溶）…1滴，寒天粉…1.5g

装饰用 求肥*（市售熟食）、草莓味巧克力…各适量

做法

❶ 制作抹茶味寒天。把所有材料放入锅内，加热使沸腾，寒天粉溶化后关火，倒入杯中冷却凝固。

❷ 制作杏仁味寒天。把所有材料放入锅内，加热使沸腾，寒天粉溶化后关火，散热后倒在凝固的❶的抹茶味寒天上，继续冷却凝固。

❸ 制作樱花味寒天。把所有材料放入锅内，加热使沸腾，寒天粉溶化后关火，散热后倒入❷中已经凝固了的杏仁味寒天上，继续冷却凝固。放入冰箱冷藏。

❹ 草莓味巧克力切碎，求肥蘸裹上巧克力，放在❸中已经凝固了的樱花味寒天上，以红叶(分量外)做装饰。

* 求肥是多以糯米粉、糖、水、淀粉等为原料加热制成的一种经典和果子。若买不到可用造型好看的糯米类点心代替。

要点和建议 Point & Advice

- ★ 先准备多种即便是冷食也很美味的小菜，就可以不慌不忙地轻松掌握整个派对的节奏。
- ★ 客人到来后，首先端上香槟等让大家举杯共饮，可滋润一下嗓子。
- ★ 在餐桌的中央位置布置豪华感的鲜花装饰，细长形低烛台上装饰小花朵和蜡烛，白色的苹果小饰品从上往下看时呈 Z 字形摆放。这样的设置富有动感，不会令客人感觉呆板。

用缤纷餐前小食打[illegible]葡萄酒派对

丰富多彩的餐前小食（amuse-bouche）是豪华葡萄酒派对的[illegible]搭配。除了主菜烤菲力牛排派和甜点，其他料理均一开始就端[illegible]来，[illegible]主人也可以和客人一起好好地享受聊天的乐趣。

准备顺序

前一天

制作百合莲藕豆乳浓汤、自制西式泡菜、鹰嘴豆和小虾仁卡纳佩。苹果安茹白乳酪蛋糕做至做法⑩。

当天

制作剩下的料理，完成苹果安茹白乳酪蛋糕。餐前小食均预先放置在餐桌上。烤菲力牛排派先做好各项准备，牛排和派皮也组合包好，上菜前把派放入烤箱温热一下。

食单 Menu

- 餐前小食
  - 烟熏三文鱼慕斯迷你挞
  - 鹰嘴豆和小虾仁卡纳佩
  - 百合莲藕豆乳浓汤
  - 自制西式泡菜
  - 油炸蘑菇红薯
  - 甜菜番茄温沙拉
- 烤菲力牛排派
- 苹果安茹白乳酪蛋糕

葡萄是配合葡萄酒派对再合适不过的装饰

在葡萄酒派对上，用新鲜的葡萄配合鲜花装饰更能吸引人们的目光。葡萄放于下部而不要放在最顶上，同时用到处散布的深紫色的巧克力波斯菊来呼应。使用盛放水果的白色高脚大托盘作为花器尤为合适。

装饰高脚花器时，首先确定白色玫瑰的位置，然后插上绿色的鸡冠花，葡萄等较大的饰物也先确定好位置，全都插在花泥中是保鲜的关键。接下来将柔软的白色虎眼万年青插在间隙之中。最后是作为点缀的小巧而色浓的巧克力波斯菊、像蓝莓一样的地中海荚蒾等，把它们分散在花丛中保持整体的平衡。

在餐桌中央线附近布置一些小型鲜花装饰。细长形低烛台作为花器布置在餐桌两端的对称位置上，一个摆放香叶天竺葵绿叶和巧克力波斯菊，另一个摆放绣球花和巧克力波斯菊，可稍微呈 Z 字形来放置，既强调彼此关联同时也打破绝对平衡，给人以流畅而灵动的印象。

1st

六种餐前小食盛放在正方形的大盘中

白色的盘子中，盛放着丰富多彩的六种餐前小食。百合莲藕豆乳浓汤和油炸蘑菇红薯放在玻璃杯中。鸡蛋杯中放着自制西式泡菜，白瓷汤勺和白瓷小碟中分别装着烟熏三文鱼慕斯迷你挞和甜菜番茄温沙拉。只有鹰嘴豆和小虾仁卡纳佩是直接放在方盘中的。

包裹着菲力牛排的千层派，配合多彩的盘子显露豪华感

2nd

用小刀切开千层派皮，里面现出柔软多汁的牛排。这是端上桌时定能听到惊喜赞叹声的一道料理。再浇上葡萄酒慢炖做成的酱汁，让葡萄酒派对越来越热烈。

蓬松柔软一下子在口中融化的苹果安茹白乳酪蛋糕

3rd

甜点是苹果安茹白乳酪蛋糕，苹果温和的甜味一下子在口中蔓延开来。简单的口感与不会过于甜腻的口味，即使正餐吃饱了也可以轻松地吃下肚。

餐前小食

烟熏三文鱼慕斯迷你挞

材料（4 人份）

三文鱼慕斯　烟熏三文鱼…100g，奶油奶酪…30g，鲜奶油…1 大勺，柠檬汁…1/2 小勺，大蒜（磨成泥）…少许，盐、胡椒粉…各适量

装饰用　迷你挞皮（市售，直径 4cm）…12 个，烟熏三文鱼…6 片，酢橘（详见 P18“煎烤食材　蘸汁两种　酢橘、盐”）皮（切丝或切块煮过）…1/2 个酢橘，盐渍三文鱼鱼子…适量

做法

❶ 制作三文鱼慕斯。烟熏三文鱼切成大块，放入食物料理机内搅打至顺滑。加入柠檬汁和大蒜再继续搅打，然后放入奶油奶酪、鲜奶油搅打至顺滑。放盐、胡椒粉调味。

❷ ❶的材料放入裱花袋内挤在迷你挞皮中。装饰用烟熏三文鱼片对半切开，卷好盐渍三文鱼鱼子后放在三文鱼慕斯之上，用酢橘皮做装饰。

Point　用对半切开的烟熏三文鱼片卷起盐渍三文鱼鱼子，然后放在挤好的三文鱼慕斯之上。

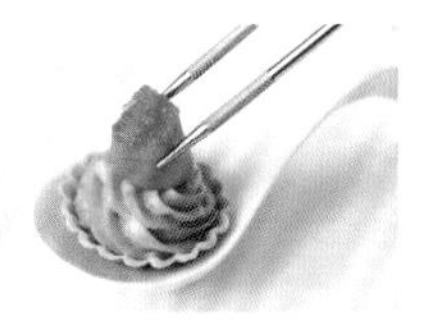

鹰嘴豆和小虾仁卡纳佩*

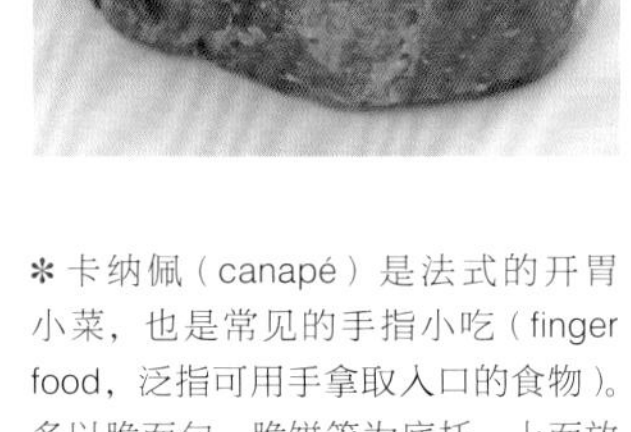

材料（容易制作的分量）

小虾仁（沙拉用）…24 只，鹰嘴豆（罐头）…50g，综合豆子…1/4 罐（100g，沥干水），黄瓜…适量，法棍（切成 1.5cm 厚的片）…8 片，**A**［奶油奶酪 2 大勺、蛋黄酱 1 大勺、红椒粉（详见 P86“鲜虾浓汤天使细面”）1/2 小勺、欧芹的碎末少许］，莳萝…适量，岩盐…少量

做法

❶ 鹰嘴豆和综合豆子在放了盐的热水中（分量外）煮约 30s，散热后剥皮。小虾仁切成 1.5cm 长的段。黄瓜切成边长 5mm 的块。

❷ A 的材料充分搅拌均匀成奶油糊。法棍用面包机稍微烤一下上色，然后涂上厚厚一层奶油糊。放上❶的鹰嘴豆、小虾仁、综合豆子，摆放时注意配色，黄瓜、莳萝也放上去，最后撒上少量的岩盐。

Point　先在法棍切片上涂奶油糊，再放上颜色缤纷的豆子和虾仁，之后把切成小块的黄瓜填在空隙当中，最后用莳萝做装饰。

*卡纳佩（canapé）是法式的开胃小菜，也是常见的手指小吃（finger food，泛指可用手拿取入口的食物）。多以脆面包、脆饼等为底托，上面放置少量的肉片、酸黄瓜、鹅肝酱、鱼子酱等。

百合莲藕豆乳浓汤

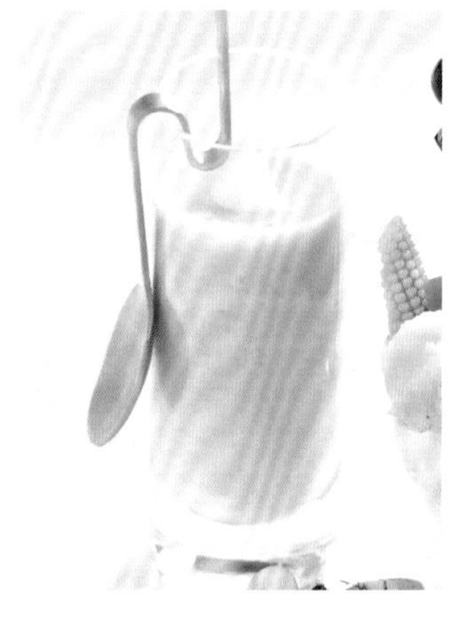

材料（4 人份）

莲藕…200g，鲜百合…2 个，红葱头（可用 1/2 个洋葱和 1 瓣切碎的大蒜代替。详见 P40“红酒意大利烩饭可乐饼”）…1 个，水…400mL，清汤（consommé）浓缩块…1 个，豆乳…200mL，橄榄油…1 大勺，月桂叶…1 片，盐…1/2 小勺

做法

❶ 莲藕削皮切成大的滚刀块，泡入醋水（分量外）中防止变色。鲜百合洗净淤泥后蒸熟，掰成单片，留少许装饰用。红葱头切成碎末。

❷ 在锅内倒入橄榄油，放入❶的红葱头、月桂叶中火翻炒。再放入❶的莲藕、百合，炒至全部食材都均匀挂油而没有变焦。加入水和清汤浓缩块，焖煮约 10min，取出月桂叶。

❸ 加入盐后，将锅中食材均放入食物料理机中搅打至顺滑。再倒回锅中，加入豆乳中火加热，将要沸腾时关火。

❹ 倒入杯中，装饰百合片。

自制西式泡菜

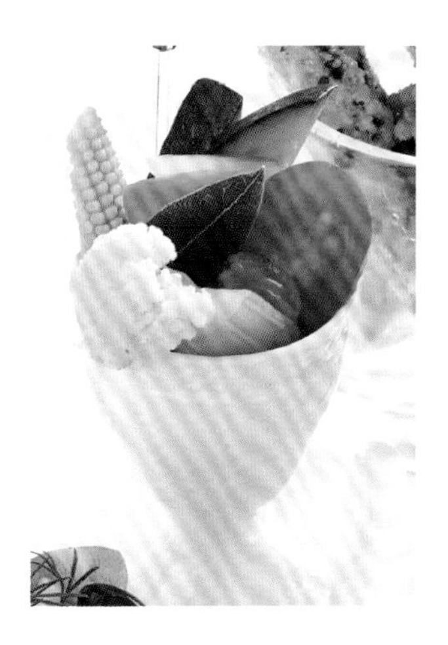

材料（4 人份）

花菜…150g，迷你胡萝卜…100g，芹菜…2 根，甜椒（橘色）…1 个，南瓜…1/8 个，玉米笋（详见 P86“胡椒味波尔斯因奶酪西班牙芙朗”）…10 根

腌汁 清汤（consommé）浓缩颗粒…250g，醋…400mL，蜂蜜…5 大勺，葡萄干…2 大勺，白出汁…1 小勺，辣椒…1 根，红胡椒粒…1 大勺，月桂叶…3 片，盐…1/4 小勺，橄榄油…2 大勺

做法

❶ 花菜切成小朵。迷你胡萝卜去蒂，刮去外皮。芹菜去筋，切成容易入口的大小。甜椒去蒂和籽，切成容易入口的大小。南瓜去籽，切成薄片。

❷ 在锅中放入腌汁的所有材料，开火加热煮沸后，依次将每种蔬菜单独放入煮。花菜、迷你胡萝卜、南瓜、玉米笋分别煮约 1 min，芹菜、甜椒焯一下即可。

❸ ❷的蔬菜放入保存容器内，然后倒入腌汁腌渍（腌渍好即可食用，若放入冰箱可保存约 2 周）。

油炸蘑菇红薯

材料（容易做的分量）

灰树花菇…1 盒，杏鲍菇…4 根，红薯…1 根，米粉…1/2 杯，苏打水…近 1/2 杯，膨化米粒、黑芝麻…各适量，盐…1/6 小勺，炸物专用油…适量，岩盐（或粗盐）、西洋菜…各适量

做法

❶ 灰树花菇掰成小朵。杏鲍菇纵切成 2 或 3 等份。红薯切成 7cm 长的棒状，包上保鲜膜放入耐热容器中，放入微波炉加热 1.5~2 min。

❷ 在大碗中放入米粉和盐，再倒入苏打水拌匀制成面衣。

❸ 杏鲍菇只裹上❷的面衣。红薯则在❷的面衣内混入黑芝麻后再裹，并在顶部蘸些膨化米粒。

❹ 锅内倒入炸物专用油中火加热至 180℃，把❸的食材炸至酥脆。盛入杯中，摆上西洋菜。蘸岩盐享用。

甜菜番茄温沙拉

材料（容易做的分量）

甜菜根…1 个，樱桃番茄…12 个

调味汁 红葱头…2 个（切碎。可用 1/2 个洋葱和 1 瓣切碎的大蒜代替。详见 P40“红酒意大利烩饭可乐饼”），雪莉酒醋（sherry vinegar）…2 大勺，花生油…3 大勺，砂糖…1/2 大勺，白出汁…1/2 小勺，盐…近 1/2 小勺，胡椒粉…少许，迷迭香、细香葱（chives）碎末…各适量

顶部装饰用 酸奶油、细香葱碎末…各适量

做法

❶ 甜菜根剥皮，切成边长 1.5cm 的块。樱桃番茄去蒂，用热水烫后剥皮。

❷ 调味汁的所有材料混合拌匀，倒入耐热容器内，加入❶的甜菜根后用锡纸密封。放到预热至 230℃的烤箱中烤 20 min。

❸ 混合拌匀顶部装饰用的酸奶油和细香葱碎末。

❹ 趁❷的食材还热着时加入❶的樱桃番茄，拌匀后盛入碟中。放上❸的细香葱酸奶油。

烤菲力牛排派

材料（4 人份）

菲力牛肉（即牛里脊，每块 80 ～ 100g）…4 块，冷冻千层派皮…2 片，色拉油…少许，盐、胡椒粉…各适量

A 蛋黄…1 个，水…少许

酱汁 红葱头（切碎。可用 1/2 个洋葱和 1 瓣切碎的大蒜代替。详见 P40“红酒意大利烩饭可乐饼”）…2 大勺，黄油（先冷藏）…40g，**B**［马萨拉酒（详见 P71“牛蒡无花果咸派”）100mL、红葡萄酒 100mL、法式牛骨酱汁（demi-glace）*1 大勺、出汁酱油（详见 P24“核桃味噌烤饭团”）2 大勺、意大利香醋（详见 P31“牛排沙拉配香醋酱汁”）1 大勺］

万愿寺酿辣椒 万愿寺辣椒（详见 P18“煎烤食材 蘸汁两种 酢橘、盐”）…1 根，西葫芦…30g，茄子…30g，洋葱（切碎）…少许，白葡萄酒、番茄膏（tomato paste）…各 1 大勺，橄榄油…1 小勺，盐…1/6 小勺

芋头泥酿意大利面 芋头…110g，碎帕玛森奶酪（Parmesan）…1 大勺，鲜奶油…1 大勺，意大利面（南瓜形状）…适量，盐…1/6 小勺，红胡椒粒、百里香…各适量

做法

❶ 制作酱汁。锅中放入一半分量的黄油，中火加热至熔化，放入红葱头翻炒。红葱头炒软后加入 B 的所有材料焖煮一会儿，关火放入剩下的一半黄油，利用余热搅拌至溶化。

❷ 制作万愿寺酿辣椒。万愿寺辣椒去籽，用烤网烤过后切成长度相同的 4 段。西葫芦、茄子切成边长 5mm 的块。锅中倒入橄榄油中火加热，放入西葫芦、茄子、洋葱翻炒。加入白葡萄酒、番茄膏、盐稍微焖一下，然后填塞入万愿寺辣椒内。

❸ 制作芋头泥酿意大利面。芋头蒸熟后放入大碗中，加入盐、碎帕玛森奶酪、鲜奶油后一起捣烂，充分混合拌匀。然后将其填塞入按包装说明煮过的意大利面中，用红胡椒粒、百里香装饰。

❹ 制作菲力牛排。平底锅中倒入色拉油大火加热，放入菲力牛肉快速煎烤两面，之后浸入冰水中冷却。用厨房用纸吸干水，放入冰箱静置约 1h，然后取出撒上盐、胡椒粉。

❺ 烤箱预热至 230℃。将冷冻千层派皮摊开，按照牛排的大小切成 8 片圆形的派皮。另外用于装饰的 4 片按照喜欢的形状整形。切成圆形的 8 片派皮，其中 4 片边缘涂上 A 的所有材料混合而得的蛋黄水，然后分别放上❹的牛排，再分别用剩下的 4 片圆形派皮盖上。2 层派皮边缘用小刀的背面压紧黏合，再放上装饰用的派皮，整体插好排气孔，然后用蛋黄水涂抹整体表面。

❻ 放入预热至 230℃的烤箱烤约 15min，盛入盘中。以万愿寺酿辣椒、芋头泥酿意大利面做装饰。盘中倒上❶的酱汁，按照喜好也可再放上黄芥末（分量外）、百里香（分量外）。

*法语中的“demi-glace”，是法餐中常用到的棕色浓汁，由牛骨熬制而成，常作为其他酱汁的基础汁。它也常被称为半釉汁、多明格拉斯酱。

Point

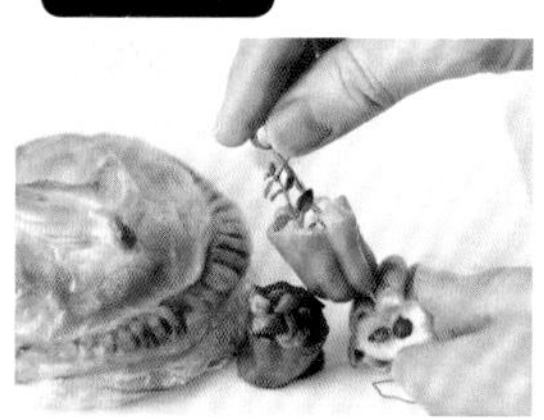

烤菲力牛排派先摆放好，再确定好万愿寺酿辣椒、芋头泥酿意大利面的位置，最后才倒上酱汁。

苹果安茹白乳酪蛋糕

材料（直径 6cm 的蛋糕圈 4 个）

焦糖苹果 红玉苹果…1 个，细砂糖…30g，黄油…10g，鲜奶油…40g，朗姆酒…1 大勺，无核葡萄干…10g

杏仁饼底 黄油…70g，细砂糖…70g，鸡蛋…1 个，大杏仁粉…70g，玉米淀粉…10g

安茹白乳酪糊 酸奶…400g，奶油奶酪…50 ~ 100g（与沥干水的酸奶合起来一共 300g），细砂糖…50g，鲜奶油（脂肪含量 45%）…120mL，蛋白…2 个，苹果汁…100mL，白兰地…1 大勺，吉利丁片…5g，盐…少许

装饰用水果脆片 海棠果…2 个（或红玉苹果 1/2 个），细砂糖…2 大勺，水…4 大勺

苹果酱汁 红玉苹果…1/2 个，苹果汁…150mL，细砂糖…1 大勺，柠檬汁…少许

打发的肉桂奶油 鲜奶油…100mL，细砂糖…1 大勺，肉桂粉…1/2 小勺

装饰用糖片 还原帕拉金糖（Palatinose）或益寿糖（Isomalt）…2 大勺

装饰用 开心果（切碎）、无核葡萄干、糖粉、肉桂粉…各适量

做法

❶ 在前一晚把安茹白乳酪糊中的酸奶倒在滤网（极细网目）或滤纸上，充分滤水。制作焦糖苹果。红玉苹果削皮，切成边长 5mm 的小块。平底锅中放入细砂糖和黄油中火加热，细砂糖变成茶色后倒入红玉苹果快速翻炒搅拌。倒入鲜奶油稍微煮一下，加入朗姆酒和少许盐（分量外）后关火。加入无核葡萄干，移至铁盘中冷却。分成 4 等份用保鲜膜包成圆球状，放入冰箱冷冻。

❷ 制作杏仁饼底。烤箱预热至 180℃。黄油室温软化后放入大碗中，用打蛋器搅打至顺滑，加入细砂糖继续搅打至颜色发白。分次一点点加入打散的鸡蛋，拌匀。加入大杏仁粉和玉米淀粉混合拌匀。

❸ 在 20cm × 25cm 的铁盘内铺上锡纸，把❷的材料倒入盘中摊平。放入预热至 180℃的烤箱烤 15 ~ 17min，散热冷却后用蛋糕圈切出 4 个圆形杏仁饼底。

❹ 制作安茹白乳酪糊。吉利丁片用冰水（分量外）泡发。奶油奶酪室温软化。苹果汁倒入锅中开火加热，即将沸腾时关火，加入泡发好的吉利丁片搅拌至溶化，然后室温冷却。

❺ 奶油奶酪放入大碗中，用橡皮刮刀搅拌至顺滑，加入前一晚预先滤水的酸奶。然后与❹的苹果汁混合拌匀。

❻ 在另一个大碗中倒入鲜奶油和半量的细砂糖，再加入白兰地打发至能稍微立起尖角的程度，与❺的食材混合。

❼剩下的细砂糖倒入蛋白内，打发至硬性发泡能立起直的尖角的程度，分 3 次加入❻的食材中混匀。

❽放好 4 个蛋糕圈，在里面垫上❸的杏仁饼底。❼中做好的安茹白乳酪糊塞进裱花袋内，挤 1cm 的厚度在杏仁饼底上，然后避开中心部位继续挤，将❶中冷冻的焦糖苹果放入中心部位。继续挤完剩下的安茹白乳酪糊并将表面抹平，放入冰箱冷藏使其凝固为蛋糕状。

❾制作装饰用水果脆片。烤箱预热至 100℃。海棠果带皮切成薄片，浸入盐水（分量外）中。小锅内放入细砂糖、水中火加热，细砂糖溶化后关火。把海棠果薄片浸入糖水中再取出，排放在铺好烤盘纸的烤盘内，在 100℃的烤箱内烤 1.5h。

❿ 制作苹果酱汁。红玉苹果带皮切成薄片放入锅内，加入苹果汁和细砂糖中火加热，煮至软烂状态后关火。散热后倒入柠檬汁，然后将全部材料放入搅拌器内，搅打成顺滑的酱汁。

⓫ 制作打发的肉桂奶油。大碗内放入所有材料，隔冰水打发至硬性发泡状态。

⓬ 制作装饰用糖片。烤箱预热至 180℃。在硅胶垫上摊开还原帕拉金糖，上部再压一个硅胶垫后放入 180℃的烤箱，烤至还原帕拉金糖变成透明状。散热后从硅胶垫上剥下来，冷却凝固，用蛋糕圈切出形状。

⓭ 摆盘。❽的安茹白乳酪蛋糕从冰箱中取出，两只手温热蛋糕圈后将其去除。装饰开心果，放上装饰用糖片。在糖片上放上橄榄球形的肉桂奶油（整形方法见 P62“甘酢生姜辣油皮蛋豆腐”的 Point），其上摆好装饰用水果脆片和无核葡萄干。把苹果酱汁装入小裱花器内，在盘子上挤上几滴圆点。再撒上无核葡萄干和开心果，以及混合好的糖粉和肉桂粉。

Point

苹果安茹白乳酪蛋糕放在盘子中央稍靠左上的位置。使用油纸做成的小裱花器，在盘中描绘出苹果酱汁圆点。

专栏

选择适合料理的葡萄酒，以潇洒的姿态招待客人

去餐厅时看到的服务人员倒酒的动作程序，可以作为在自家给客人倒酒时的参考。选择适合料理的葡萄酒，以潇洒的姿态来招待客人吧。

用启瓶器开葡萄酒

1. 封纸切开一半

葡萄酒要放在客人能够看到标签的位置，然后打开启瓶器上的刀子。单手固定瓶子，用刀口靠近瓶口的下方，拉动刀子把瓶盖封纸切开一半。

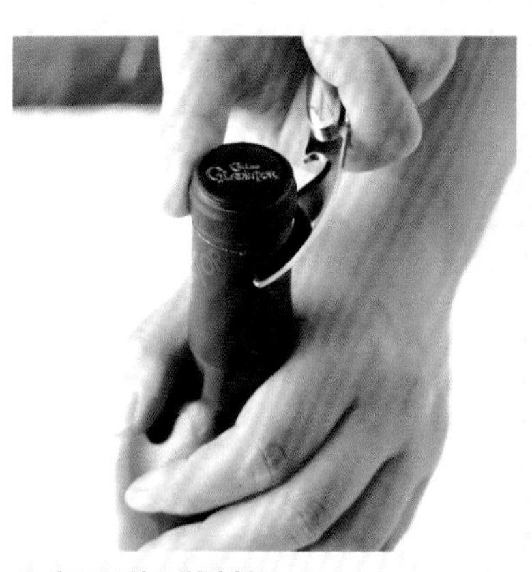

2. 切开剩下的封纸

反手在另一边拉动刀子，把剩下的一半瓶盖封纸也切开。这样操作不用改变瓶子的方向，若难以切开则可以转动瓶子方向，同步骤 1 的操作切开剩下的瓶盖封纸。

3. 取下封纸

用刀口贴近一侧的瓶盖封纸口子，撬起并取下封纸。把刀子收起。

4. 刺入启瓶器的螺旋起子

打开启瓶器的螺旋起子，倾斜着把前端尖头刺入软木塞的中心。单手紧握瓶身，然后将螺旋起子立起来保持垂直的状态，一边按压一边转动，逐渐往软木塞深处刺入。

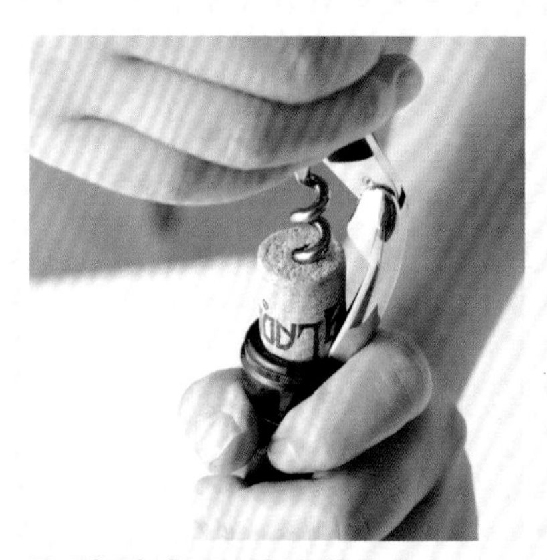

5. 利用杠杆原理撬起软木塞

螺旋起子还剩下两圈螺旋露在外面时，将启瓶器的卡口部分卡在瓶口，然后把启瓶器向上提起。

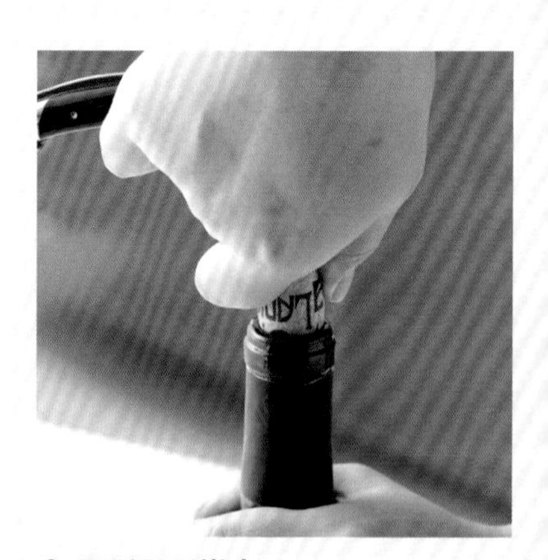

6. 最后用手拔出

软木塞被向上提起约 3cm 时，一手紧握瓶身，一手紧握软木塞，向上慢慢拔起软木塞。

给客人倒酒

1. 握住瓶底倒酒

瓶口用准备好的餐布擦拭干净。然后站在客人的右侧，为了能让客人看见标签而握住瓶底，慢慢地倒酒。倒至酒杯约 1/3 高度处。

2. 停止倒酒时在瓶口垫好餐布

为了不让葡萄酒滴下来，先在瓶口垫好餐布，然后抬起瓶口。

使利的小物让葡萄酒更显潇洒、华丽

用卷起来插入瓶口的薄纸片防止葡萄酒滴落

在葡萄酒店铺等有售的用作“漏嘴”的银色薄纸片。卷起来插入瓶口，倒酒时酒就不会在杯子里溅起，抬起瓶口时也不会滴下酒液。

放在餐桌上时插上可爱的瓶塞

葡萄酒还有剩余时，插上可爱的瓶塞放在餐桌上，也会成为一种装饰。如果经常喝葡萄酒，可以准备几个选择使用，也是一种乐趣。

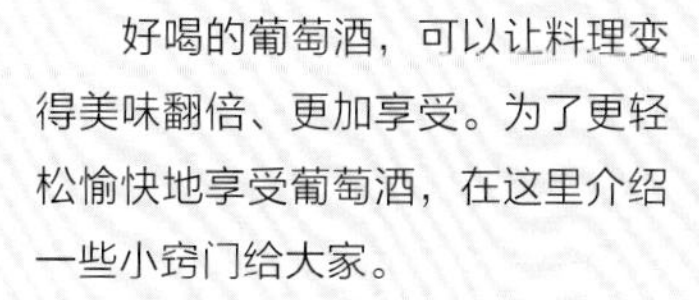

选择适合料理的葡萄酒的小窍门

好喝的葡萄酒，可以让料理变得美味翻倍、更加享受。为了更轻松愉快地享受葡萄酒，在这里介绍一些小窍门给大家。

牛肉料理推荐智利或加利福尼亚产的葡萄酒

牛肉料理非常适合搭配葡萄酒享用。但是一般来说波尔多和勃艮第等地区的法国葡萄酒，在品牌、年份、葡萄品种等方面可提供的选择非常之多，不熟悉的人可能比较难以选择。因此推荐智利或加利福尼亚产的葡萄酒，大多数是赤霞珠（Cabernet Sauvignon）这个葡萄品种的产品，价格合理且性价比高，用来轻松方便地享受美食的乐趣正是再合适不过。

清爽的海鲜料理搭配
富含酸味的白葡萄酒再合适不过

白葡萄酒的葡萄品种中，白沙威浓（Sauvignon Blanc）和霞多丽（Chardonnay）比较有名。使用海鲜食材的料理（如 P30“海虾西葫芦开胃小点”和 P70“ 墨西哥牛油果沙拉、秘鲁鱼生和迷你面包”等），不管是哪个葡萄品种，总之推荐选择有酸味的白葡萄酒。另外，若以使用甲壳类海鲜的醇厚口感的料理（如 P86“鲜虾浓汤天使细面”）作为主菜，有着浓郁味道的霞多丽则更为合适。阅读产品说明也不能确认酒的味道和香气时，让商店的工作人员帮忙选择是最好的。

若从始至终都喝香槟，
可从性价比高的品种开始

香槟可以说是适合于所有料理的万能选手，不仅是第一杯适合从香槟开始，从始至终都持续享用香槟也是没问题的。这种情况下，第一杯可以从味道清淡的性价比高的品种开始，慢慢过渡到浓郁口感的高价格品种，会令客人得到更享受的体会。最后以粉红香槟作为结束也很时髦。另外，也有人认为粉红香槟和中式料理的契合度也很高。

这里的介绍只是希望给大家一些启示，当然还有其他各种品尝葡萄酒的方法和经验。例如，以西班牙料理为主菜时可选择西班牙产的葡萄酒，配合料理的主题选择葡萄酒产地也是不错的经验。比起过于在意料理和葡萄酒之间的细微契合度，这样的演绎方式更能让客人感到开心。葡萄酒选择的最终目的，就是让客人和主人一起轻松愉快地度过这重要的开心一刻。

作为搭配重点的餐巾的演绎

作为客人会首先接触到的物品，餐巾无疑也是搭配的重点。根据餐桌主题稍微花些心思布置餐巾，就能令客人的情绪高涨。从简单的不需要折叠的餐巾样式，到稍微复杂点的餐巾样式，都一一介绍给大家。

只是放入玻璃杯中，就能简单展现雅致的效果

见 P58~59

1. 捏起餐巾

餐巾放在桌子上摊开，捏着中心点拿起来。

2. 倒置餐巾

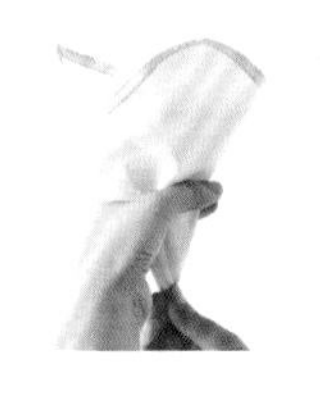

另一只手一边收拢餐巾底部，一边把餐巾倒置过来。

3. 放入玻璃杯中

整理餐巾的外形，插入玻璃杯中。

卷起来用餐巾圈套住的流行方式

见 P36~37

1. 餐巾 3 等分折叠

把餐巾放在桌子上摊开，从上边向下折叠 1/3，再从下边向上折叠 1/3。

2. 卷起餐巾

将餐巾逆时针方向旋转 90°，从近处一端紧紧地卷起。卷到中央时可能会松，可以用中指一边按压调整位置一边卷起来。

3. 用餐巾圈穿过餐巾

将餐巾圈从右端套入卷好的餐巾。若餐巾圈太松，可用手指在餐巾卷的中心稍扩一些。

书信一样的折叠方法，仿佛其中暗藏了信息

见 P50~51

1. 餐巾折成三角形

把餐巾呈菱形在桌子上摊开，从下面的尖角往上对折，整理成三角形。

2. 折叠左右两端

将左右两端沿着三角形的底边向中央位置重叠折起。

3. 再次折叠左右两端

将左右两端再次向中央位置重叠折起。折痕要好好地紧贴在一起。

4. 折成书信的形状

保留上端的三角形，从下端向上对折。保留的三角形再向下折叠。

模拟蜡烛的形状，看起来滑稽有趣

见 P116~117

1. 折成三角形的餐巾对折两次

将餐巾像左边步骤 1 一样折成三角形。然后从上端的尖角向下对折，最后再重复从上向下对折。

2. 左端向上折

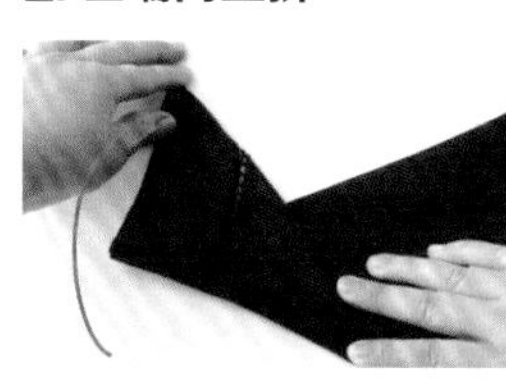

把左端沿着步骤 1 图片中的虚线向上折起。

3. 改变餐巾的方向后折起下端

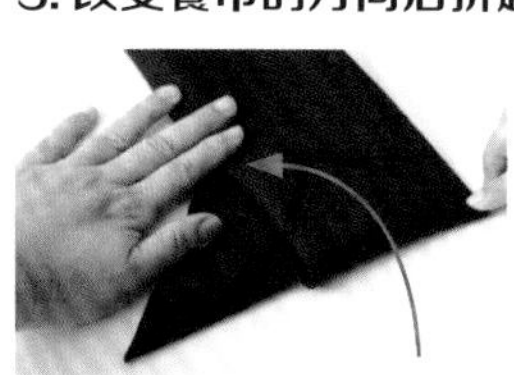

把餐巾逆时针方向旋转 90°，将下端的反三角形向上折起来。

4. 卷起餐巾

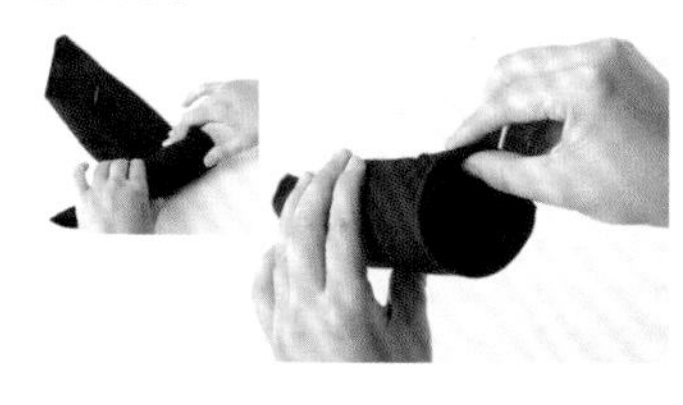

从下端开始卷起餐巾。最末端折起塞入底部。

建议收集备齐的餐具

这本书中有一些在不同餐桌搭配中使用好几次的餐具。现在介绍其中一些随意使用都不会出错的简洁的必备品。即使找不到完全一样的，也可以在外形、尺寸、材质等方面作为标准参考，如果能把这些推荐品收集备齐，那么就可以轻松应付各种场合了。

带脚玻璃杯

上葡萄酒时不可缺少的带脚的玻璃杯。款待客人时，不论红葡萄酒还是白葡萄酒都会使用到的葡萄酒杯，以及长笛形的香槟酒杯，每种都准备一些吧。另外，如果有高脚玻璃杯，在非正式场合它还能成为搭配装饰的重要宝物。

午餐或晚宴 均可轻松使用的兼用酒杯

款待客人或日常使用时都很重要的餐具，就是红、白葡萄酒兼用的直径 8 ~ 10cm 的玻璃酒杯。不带装饰的简洁款就很好。有时还可用这样的杯子来喝啤酒，用高个玻璃酒杯喝啤酒，或许会有不同的享受和感觉呢。

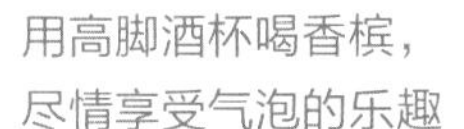

用高脚酒杯喝香槟，尽情享受气泡的乐趣

要举起香槟或者葡萄发泡酒时，却没有玻璃酒杯，气氛一定会冷下来。收集多种类的杯子不是件容易的事情，但是香槟杯是一定要准备的物品。建议去价格合适的店铺选一些玻璃较薄的杯子，看起来比较美观。

在轻松随意的成人氛围餐桌上，搭配带脚玻璃杯

轻松随意的聚餐，多使用平底的大玻璃杯。这种杯子当然很随意、也不错，但是对于款待搭配来说，好像稍微少了点什么特别的印象。只需搭配带脚的高个玻璃杯，就能为餐桌空间营造高低层次，给人一种特别的成熟感。

小型玻璃容器

只是想稍微盛放一点酱汁等时，直径 5 ~ 6cm 的小型容器就非常方便了。玻璃材质的可以看到食材漂亮的颜色，更易引起食欲。价格合适的产品比较多，所以可以分别准备一些不同形状的，在改变搭配印象时会非常有用。

低个玻璃杯
放简单的小菜、甜点很方便

个子较低的玻璃杯放小菜、甜点最合适不过了。用手拿取时，手指能轻松接触到底部。当然用作威士忌酒杯来品酒也非常合适。

杯口窄小的容器
适合盛放可立起的食物

盛放细长的食物时推荐用杯口窄小的玻璃杯。根部靠在杯口边缘上而难以倒下，巧妙的角度让食物看起来更美味可口。

大盘子上摆放几个椭圆形玻璃杯，
也是一种轻松利落的收纳方式

杯子的椭圆形状可令印象瞬间改变，同时椭圆形杯子因为比较扁，所以并排放好几个也不占什么地方，放在取菜盘或大盘子上也不会妨碍其他东西的摆放。

带盖子的容器

带盖子的容器可给容易变得平淡的餐桌添加一丝韵律。把盖子立着靠在容器旁很可爱，而如果盖上则打开时会有一种兴奋的感觉。同时，盖子也有防止先上桌的料理变干燥的作用。

带盖子的容器
组合在一起也很精致

容器的形状很可爱，仅仅使用一个视觉效果也不错。像下图那样把好几个带盖子的容器组合在一起，不但显得可爱，也让餐桌更显华丽。

白色或玻璃的长方盘

在餐桌搭配中不可缺少的，就是这些长方形的大盘子。当圆形容器很多时，在其中放入一个长方形的容器，就能使整个餐桌有集中的印象。简洁的白色或玻璃的、长度约为 45cm、边缘稍微立体的盘子准备上几个，就可轻松享受组合的乐趣。

用于盛放大盘料理或分成小份的料理都可以

比起圆形的盘子，长方形的盘子更容易摆盘，比如摆放春卷等细长的食物时，可以立着放，也可以横卧着放，能轻松摆出韵律感。分成小份的料理，也可以直线形摆放在长方盘里强调线条感，营造出现代风格的印象。

作为单份料理的托盘使用也是不错的

不仅可以作为放在中央位置的什锦拼盘的盘子，还可以作为盛放不同种类单份料理的托盘来使用，留给客人不同寻常的印象。并不是将料理直接盛放盘中，而是先分装于小容器中，这种方式可打造出类似餐厅的专业风格。

两只盘子重叠使用营造一种特别的氛围

把两只盘子重叠在一起使用，稍稍形成一定高度，就能让餐桌空间显得更立体。使用有花纹的桌布时，下面垫着的盘子可选用透明的，这样就能透过盘子看到花纹，减轻了压迫感。

玻璃方盘

玻璃方盘可令餐桌布置看起来简单、美观。边长约 30cm 的是最常用到、最受欢迎的。如果是追求舒适的较随意的场合，只使用这样的盘子就非常棒了，最棒的是随着上面盛放的东西及下面铺垫的物品的变化，就能带来不同的印象。

可搭配餐垫，也可配合主盘

放在植物外皮编制的餐垫上可呈现亚洲风格，垫在黑色的玻璃主盘下则带来摩登西洋风。时尚的搭配就如此轻松地完成了。

玻璃深容器

第一眼会觉得很难运用的比较深的玻璃容器，其运用重点是，在希望清楚地看到所盛放物品时使用。不仅可用来盛放料理，作为花器使用也是非常合适的。直径约 20cm 的更容易利用。带脚的则可以形成一定高度，起到平衡搭配的作用。

首先尝试着用于量大的自取式料理

如果盛放量大的沙拉，客人看到食材多彩的颜色就会很愉悦；颜色比较单调的料理铺上植物的叶子就能营造出好气氛，即使不装饰花朵也有很好的效果；如果是夏洛特风格的蛋糕，只是填满容器就很漂亮了，所以非常方便。

可以倒满水
作为花器使用

因为内部有深度，所以用来插花，或者倒满水让花浮在水面，都是非常合适的。口部比较宽的容器如果花直接放入会很难立起来，所以花先插在花泥上再放入容器中比较好。没有立脚的容器比较稳当，即使倒满水也令人安心。

更好地使用轻巧且难以破裂的塑料餐具吧

在商店里可以找到很多十分适合家庭派对的塑料餐具。在这里介绍一些使用『SOLIA』（法国餐具品牌）的餐具来搭配的小窍门，其关键点是颜色和质感要与其他器具相配合。

具光泽感的盘子上有节奏地摆放汤勺

轻薄的塑料容器若想与陶瓷制品搭配和谐，关键是要与有光泽感的物品组合在一起，因为即使是不同的素材，也可以光泽感这个共同点来融合搭配。比起色彩丰富、花纹复杂的物品，塑料餐具更适合与简洁的物品搭配，更能突显时尚的风格。

青花瓷的和风餐具与塑料制品搭配风格不谐调

画满精致花纹的青花瓷餐具，和风氛围比较强烈，搭配起来即使对于熟手也是非常难的。另外，轻便的塑料制品，与略显正式的青花瓷餐具有着不同的风格，应尽量避免搭配在一起。

追求现代时尚风格、价钱也实惠的“SOLIA”的系列物品。十分轻便，即使掉落也不容易破裂，所以对于立食形式的派对是值得推荐的。

塑料容器难以与木制品搭配

非自然素材的塑料制成的器具，与自然素材的木头制成的器具，搭配在一起总是会有违和感。除了木制品，强调泥土质感的那类陶器，也是很难搭配的。

配合透明的方形杯子，要选用洁净透明的盘子

盛放圆形橄榄酿肉的方形杯子，放在同样洁净透明的盘子上，给人一种清爽的印象。透明的塑料容器和透明的玻璃制品的组合，即便是没有搭配经验的人也可以轻松挑战。不用沿着盘子的边缘平行摆放，稍微斜一些反而会带来有节奏又轻快的感觉。

款待时的餐桌小物

用于表现季节感和主题的不可或缺的餐桌小物。即使使用同样的餐具，但配合不同的小物，也可以让搭配有无限的可能。推荐大家经常逛逛杂货店，看到有中意的小物就先入手吧。

餐巾圈

餐巾一层层卷好后，只是套上一只餐巾圈就立即变得像模像样。可根据不同的场合选择不同款式及不同材质的。

雅致的黄铜餐巾圈，成为白色为主色调的搭配的点睛之笔，与小花一起放置在盘子里，迎接客人的到来。

少见的花纸绳制成的餐巾圈。因为是用纸做的，所以套在纸质餐巾上非常自然。适合新年等庆贺的场合。

筷架、刀架

选择合适的筷架或刀架，可在搭配上增加些许趣味。同一种款式不够客人数量时，以大小或材质接近的其他款式混搭使用也是不错的。

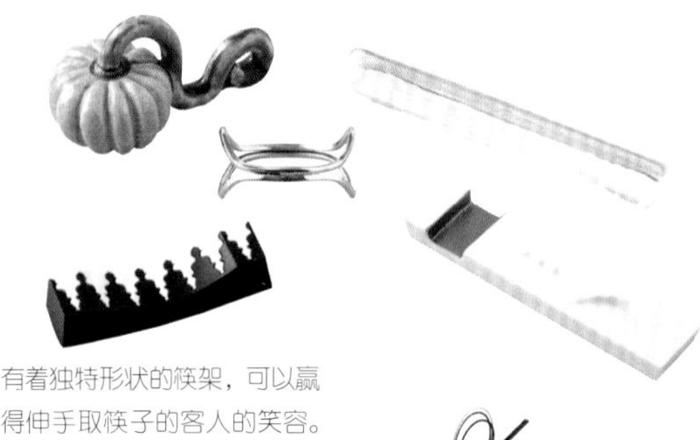

有着独特形状的筷架，可以赢得伸手取筷子的客人的笑容。既可作为餐巾圈使用，又能作为刀架或筷架使用，这种多用途的小物也很受欢迎。

上图的花纸绳餐巾圈，也可以用作筷架。筷子的前端放在竖立着的圆圈中，非常独特。搭配使用白色的筷子，更增加了节日的气氛。

扦子和搅拌棒

用手拿取的料理配上几根扦子就会更方便。在准备作为欢迎饮料的鸡尾酒时，配上多彩的搅拌棒让客人选择自己喜欢的颜色。

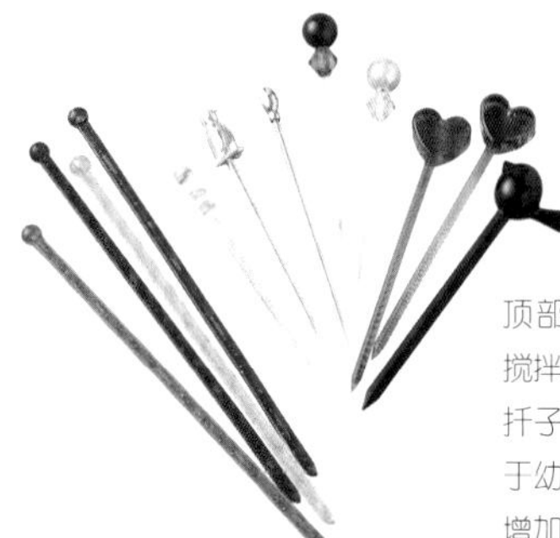

顶部造型突显品味的扦子和搅拌棒。动物造型的可爱银色扦子，给人比较成熟而不会过于幼稚的印象。塑料材质更能增加时尚度。

蜡烛、烛台

想为餐桌空间制造高低层次，蜡烛或烛台就不可缺少了。推荐大家先收集些不同高度的烛台。有时也可以布置一些小饰品在烛台上。

个子高低不同的烛台以左右不对称的形式放置在桌子两端，为餐桌带来动感。夏天时选用玻璃的烛台，装饰上贝壳就会显得清爽怡人。

名牌夹

在需要预先确定客人席位时，使用名牌夹会非常方便。可以写上客人的名字、欢迎的话语等，还可以成为餐桌上的亮点。

名牌夹插牌子的部分是心形的，看起来很可爱。也有简洁款的名牌夹，但容易给人商务的印象，选择趣味款的能让餐桌变得更华丽。

小饰物

水果或动物等可爱主题的小饰物，可营造季节感或特殊氛围，是决定整体印象的重要部分。直接放在餐桌上，或放入玻璃杯内做装饰等，可以探索各种各样的使用方法。

小小的水果、蔬菜饰品是搭配的好帮手。在新鲜食材大量上市的季节，一定记得用这样的迷你青苹果（右上）作为饰品来搭配。南瓜样子的小蜡烛（左上），透露着“点着了好可惜啊”的楚楚可怜感。

兔子形状的盐罐、胡椒粉罐及餐巾圈可以作为小饰品使用。选择放在餐桌上的动物小饰品时，比起写实感强的，反而是颜色统一、装饰感强的效果会更好。

假花

想要增添餐桌的华丽感时，用假花再方便不过了，最令人高兴的是可以重复使用多次。马蹄莲或者大丽菊等比较常用，也有些看起来完全不像真花的假花饰品。

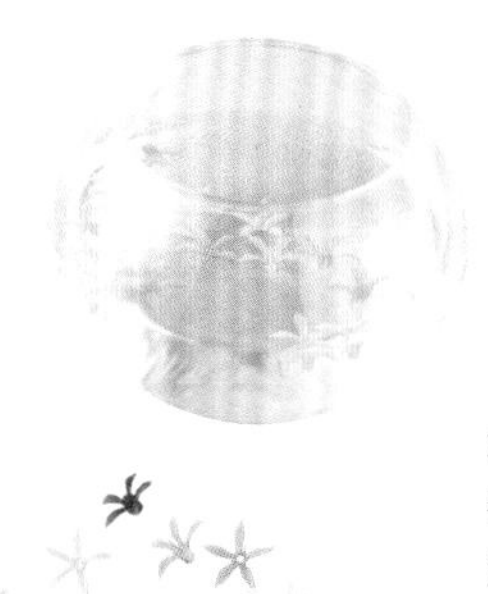

浮在水面上的黄绿色小假花。倒满水的玻璃容器内漂浮着小朵的假花，放在餐桌上会有一种清凉感。再选一些颜色不同的红色小假花，放在一起仿佛绿叶中盛开了红花。

本书所用餐具的介绍

介绍这本书中使用过的主要餐具的产品信息。

可以作为搭配时的参考。

（没有提及的餐具，是作者的私人物品）

P14 ~ 19 用煎烤盘来个烤肉派对吧

中央左起 玻璃调味汁碟（约 5cm × 8cm），玻璃方碗（约 15cm × 15cm × 10cm），白色瓷质方碗（约 18cm × 18cm × 12cm），黑色迷你双耳蒸锅（直径约 10cm），煎烤盘（直径约 26cm）

其他 白色瓷质长方盘（约 15cm × 35cm），玻璃小方盘（约 10cm × 10cm × 3cm），玻璃方杯（约 10cm × 10cm × 10cm），白色弧形凹陷盘（约 10cm × 30cm），玻璃杯（直径约 7cm、高约 6cm），白色汤勺

P20 ~ 25 大碗里的家常菜，夏日清凉感京都风味

中央左起 黑色高脚陶质小盘（直径约 10cm、高约 10cm），涂漆带脚长方托盘（约 12cm × 50cm），伊万里烧中钵（直径约 15cm、高约 12cm），白色瓷质长方盘（约 5cm × 40cm），黑色高脚陶质大盘（直径约 25cm、高约 10cm），青花瓷大碗（直径约 30cm、高约 18cm），青花瓷大盘（直径约 40cm）

其他 涂漆木质方盘（边长约 35cm），青花瓷取菜碟（直径约 20cm），白云形状瓷质小碟（约 8cm × 12cm），圆形瓷质取菜碟（直径约 15cm）

P26 ~ 31 满满的、用大盘盛放的意大利风味

中央左起 玻璃带脚深盘（直径约 20cm），带脚玻璃杯（直径约 8cm、高 10cm），白色瓷质长方盘（约 25cm × 40cm），玻璃带架子中钵（直径约 20cm），玻璃杯（直径约 7cm、高约 6cm）

其他 白色瓷质圆盘（直径约 25cm），白色带凹口瓷质圆盘（直径约 18cm），玻璃带盖小盅（内径约 5cm）

P36 ~ 41 创意居酒屋风格料理，度过愉快的一刻

中央前起 白色瓷质餐盒（约 18cm × 18cm × 7cm），亚克力带脚托盘（28cm × 46.8cm × 10cm），涂漆长方托盘（约 12cm × 25cm），汤勺（长约 12cm），玻璃杯（直径约 4cm、高约 12cm），白色瓷质长方盘（约 20cm × 40cm、约 15cm × 35cm），玻璃长方盘（约 20cm × 40cm），白色涂漆盘（约 10cm × 40cm），玻璃酱汁碟（直径约 5cm、高约 8cm）

其他 玻璃方盘（约 30cm × 30cm），黑色方盘（约 22cm × 22cm），玻璃小咖啡杯和杯托（杯子直径约 6cm，杯托直径约 10cm）

P42 ~ 47 大家团团围着的暖暖和风火锅

中央前起 玻璃长方盘（约 25cm × 30cm），大玻璃杯（直径约 10cm、高约 10cm），陶锅（直径约 25cm）

其他 涂漆木质方托盘（约 30cm × 40cm），白色瓷质平底碗（直径约 12cm），黑色漆碗（直径约 10cm），白色瓷质长方盘（约 10cm × 18cm），白色瓷质小钵（直径约 5cm、高约 5cm），小玻璃杯（直径约 4cm、高约 6cm）

P50 ~ 55 自由分取的西式炖杂烩

中央左起 椭圆形珐琅铸铁锅（长径约 27cm），圆形珐琅铸铁锅（直径约 25cm）

其他 黑色瓷质圆盘（直径约 30cm），白色瓷质圆盘（直径约 25cm），黑色小珐琅铸铁锅（长径约 17cm），白色带盖瓷质小锅（内径约 7cm、5cm），玻璃带盖小盅（内径约 5cm）

P58 ~ 63 漆艺餐盒让亚洲料理更显别致

中央前起 漆艺方台托盘（约 35cm × 35cm × 12cm），瓷质小盘（直径约 8cm），玻璃杯（约 5cm × 5cm × 7cm），漆艺多层餐盒（约 15cm × 15cm × 5cm），白色瓷碗（直径约 12cm）

其他 漆艺木质方盘（约 30cm × 40cm），玻璃方盘（约 20cm × 20cm、10cm × 10cm），瓷质汤勺（长约 10cm）

P66 ~ 71 把客人带来的料理做成可爱小巧的形式

最里面左起 玻璃带脚托盘（直径约 28cm），白色瓷质带脚托盘（约 28cm × 28cm），红色酒杯（直径约 10cm），白色瓷质深碗（直径约 15cm、高约 15cm），白色瓷质长方盘（约 15cm × 35cm），玻璃椭圆杯（直径约 6cm、高约 6cm），白色带握口瓷质圆盘（直径约 18cm），红色比萨专用铁盘（直径约 35cm），玻璃小咖啡杯（直径约 6cm），玻璃马克杯（直径约 8cm），白色瓷质大方碗（约 15cm × 15cm × 7cm），玻璃方杯（约 10cm × 10cm × 10cm），白色瓷质盘（约 18cm × 18cm）

P74 ~ 79 用餐前小食打造香槟派对

中央左起 带盖子的玻璃餐盒（约 8cm × 26cm × 8cm），玻璃长方托盘（约 20cm × 40cm），白色塑料水滴形小碟（长径 10cm），玻璃杯（直径约 4cm、高约 10cm，直径约 7cm、高约 7cm），矮脚玻璃杯（直径 5cm、高 8cm，直径 8cm、高 10cm），玻璃方杯（约 10cm × 10cm × 10cm）

其他 玻璃方盘（约 30cm × 30cm），黑色方盘（约 22cm × 22cm），白色迷你小碗（直径约 5cm）

P82 ~ 87 圣诞派对当然要以烤肉为主

中央前起 斗形玻璃杯（直径约 10cm、高约 12cm），白色瓷质长方盘（约 20cm × 40cm），白色瓷质酱汁碟（长径约 8cm），白色瓷质汤勺（长约 12cm）

其他 金属圆盘（直径约 35cm），玻璃方盘（约 25cm × 25cm），白色瓷质圆盘（直径约 25cm），白色瓷质小咖啡杯和杯托（咖啡杯直径约 6cm，杯托直径约 10cm），玻璃椭圆杯（长径约 6cm、高约 6cm），银质餐刀和餐叉（昆庭 * “珍珠系列”）

* 昆庭（Christofle），为法国银器品牌。

P96 ~ 103 清新淡色调的春之餐桌

中央前起 玻璃烛台（直径约 8cm、高约 30cm ，直径约 6cm、高约 10cm，直径约 12cm、高约 8cm），玻璃果盘（直径约 28cm）

其他 玻璃方盘（约 25cm × 25cm），白色瓷质圆盘（直径约 25cm），白色瓷质深盘（直径约 22cm），P98 “有机蔬菜冷盘配浓郁酸辣酱汁”：矮脚玻璃杯（直径 8cm、高 10cm），P99 “微炸金枪鱼”：玻璃圆盘（直径约 22cm），P101 “山椒风味的双拼茄子冷制意大利面”：玻璃凹陷圆盘（直径约 25cm），P101 “白巧克力芒果挞”：白色瓷质长方盘（约 20cm × 40cm）

P106 ~ 113 满满秋天味道的万圣节派对

中央左起 黑色烛台（直径约 8cm、高约 20cm），玻璃杯（直径 4cm、高约 10cm），玻璃烛台（直径约 8cm、高约 20cm），塑料花器（约 8cm×20cm×10cm），玻璃烛台（直径约 8cm、高约 8cm）

其他 黑色塑料圆盘（直径约 35cm），白色瓷质凹陷圆盘（直径约 30cm），P108“薄切帆立贝配柿子酱汁”：白色瓷质汤勺（长约 12cm），P109“牛蒡葱白慕斯果冻杯”：香槟杯（直径约 5cm、高约 18cm），P111“戈贡佐拉奶酪南瓜烩饭”：白色瓷质圆盘（直径约 25cm），P111“巨峰葡萄果冻”：玻璃酒杯（直径约 10cm、高约 10cm）

P116 ~ 123 优雅亚洲风格的夏季宴会

中央 玻璃花器（约 9cm×40cm×10cm），白色瓷质长方盘（约 20cm×30cm），玻璃杯（直径约 10cm、高约 10cm）

其他 玻璃方盘(约 28cm×28cm),筷子(昆庭“UNI NOIR”系列)，白色瓷质方杯（约 7cm×7cm×6cm），玻璃杯（直径约 7cm、高约 6cm),豆绿色瓷质椭圆盘（约 10cm×15cm),瓷质小碟（直径约 8cm），P120“民族风什锦饭”：黑色瓷碗（直径约 10cm、高约 10cm），P121“桂花陈酒西瓜西班牙冷汤”：红酒杯（直径约 10cm、高约 20cm）、玻璃方盘（约 20cm×20cm，内凹 10cm×10cm）、白色瓷质汤勺（长约 12cm）

P126 ~ 133 以现代和风餐桌迎接新年

中央 玻璃烛台（约 6cm×6cm×10cm），瓷质餐盒（20cm×10cm×4.8cm，16.5cm×16.5cm×5.3cm），玻璃杯（直径约 4cm、高约 10cm）

其他 白漆长方盘[22cm×47cm，oneoverf（日本有名的餐桌搭配教室）]，玻璃长方盘（14cm×35cm，oneoverf），白色瓷质长方餐盒（20cm×10cm×4.8cm），筷子（昆庭“UNI NOIR”系列），白色瓷质方杯（约 7cm×7cm×6cm），玻璃椭圆杯（长径约 6cm、高约 6cm），玻璃小方钵（约 10cm×10cm×3cm），白色瓷质汤勺（长约 10cm），黑色高脚陶质食器（直径约 10cm、高约 10cm），P130“梅子味噌炖五花肉”：青花瓷长方盘（约 10cm×20cm×7cm），P131“日式鸡汤”：漆碗（直径约 12cm），P131“蘘荷白果焖饭”：瓷质茶碗（直径约 12cm），P131“和风三色寒天”：玻璃杯（直径约 7cm、高约 7cm）

P134 ~ 143 用缤纷餐前小食打造葡萄酒派对

中央 玻璃高烛台（直径约 7cm、高约 40cm，直径约 7cm、高约 35cm），白色瓷质花器（长径约 30cm、高约 18cm）

其他 瓷质方盘（30cm×30cm，22cm×22cm，均为“Richard Ginori vecchio white”系列），镀银餐刀、餐叉（昆庭“珍珠”系列），P137“餐前小食”（从最前按顺时针方向）：白色瓷质汤勺（长约 8cm）、玻璃杯（直径约 4cm、高约 10cm）、白色瓷质鸡蛋杯（直径约 4cm）、玻璃椭圆杯（长径约 6cm、高约 6cm）、白色瓷质小碟（约 5cm×7cm），P139“苹果安茹白乳酪蛋糕”：白色瓷质圆盘（直径约 26cm）

图书在版编目（CIP）数据

多谢款待：日本宴席料理及餐桌美学名师的15桌派对家宴 /（日）佐藤纪子著；葛婷婷译.—郑州：河南科学技术出版社，2017.4
ISBN 978-7-5349-8116-6

Ⅰ.①多…　Ⅱ.①佐…②葛…　Ⅲ.①家宴-设计　Ⅳ.①TS972.32

中国版本图书馆CIP数据核字(2016)第108289号

出版发行：河南科学技术出版社
地址：郑州市经五路 66 号　　邮编：450002
电话：（0371）65737028　　65788633
网址：www.hnstp.cn
策划编辑：李迎辉
责任编辑：李迎辉
责任校对：张小玲
封面设计：张　伟
责任印制：张艳芳
印　　刷：北京盛通印刷股份有限公司
经　　销：全国新华书店
幅面尺寸：185 mm × 257mm　　印张：10　　字数：337 千字
版　　次：2017 年 4 月第 1 版　　2017 年 4 月第 1 次印刷
定　　价：62.00 元